U1008498

江苏水利工程精细化管理丛书

泵站精细化管理

BENGZHAN JINGXIHUA GUANLI

江苏省水利厅◎编著

河海大学出版社
HOHAI UNIVERSITY PRESS
·南京·

图书在版编目(CIP)数据

泵站精细化管理 / 江苏省水利厅编著. -- 南京 : 河海大学出版社，2020.12(2022.8 重印)

ISBN 978-7-5630-6360-4

Ⅰ. ①泵… Ⅱ. ①江… Ⅲ. ①泵站—水利工程管理—江苏 Ⅳ. ①TV675

中国版本图书馆 CIP 数据核字(2020)第 255617 号

书　　名　泵站精细化管理
书　　号　ISBN 978-7-5630-6360-4
责任编辑　金　怡
责任校对　倪美杰
装帧设计　黄　煜　吴建中
出版发行　河海大学出版社
地　　址　南京市西康路 1 号(邮编:210098)
电　　话　(025)83737852(总编室)
　　　　　　(025)83722833(营销部)
经　　销　江苏省新华发行集团有限公司
排　　版　南京布克文化发展有限公司
印　　刷　江苏凤凰数码印务有限公司
开　　本　787 毫米×1092 毫米　1/16
印　　张　15.25
字　　数　381 千字
版　　次　2020 年 12 月第 1 版
印　　次　2022 年 8 月第 3 次印刷
定　　价　85.00 元

《泵站精细化管理》

编写组

主　　编:陆一忠

副 主 编:郭　宁　　周灿华

编写人员:高杏根　　魏强林　　蔡　平

吴卿凤　　匡　正　　傅　华

赵　勇　　孙　勇　　耿伟轩

陆范彪　　戴春祥　　刘媛媛

曹　云　　周　洁　　叶建琴

张　宇　　李　扬

序

“水”是江苏最为鲜明的符号。江苏境内水系发达、水网密布、水韵流芳，天然河流与人工河道纵横交错，湖泊湿地和水库塘坝星罗棋布，不但有横穿东西的长江、纵贯南北的大运河，还有包孕吴越的太湖、名肇隋唐的洪泽湖，是全国唯一拥有大江大河大湖大海的省份。全省 10.72 万 km^2 土地承接上游近 200 万 km^2 的洪水过境，80%的地面处于洪水位之下，历来有“洪水走廊”之称。

特殊的地理位置和水系特点，决定了江苏因水得益。水为利时，成就了苏南鱼米之乡、苏北千年漕运之繁华；反之，水为患时，江淮大地频受洪涝旱渍之害、人民群众饱受水患之苦。治水患、兴水利一直是江苏儿女孜孜以求的目标。中华人民共和国成立后，江苏开展了治淮治太、江水北调、江海堤防达标等大规模水利工程建设，建成了较为完整的防洪除涝减灾体系，实现了长江、太湖、淮河和沂沭泗四大水系互调互济，构成了水灾害防御、水资源调配、水生态保护的坚实防线。

管理出效益。加强管理是保证水利工程安全运用、设计效益充分发挥的关键所在。面广量大的江河堤防、数以万计的涵闸泵站，全省水利工程管理任务艰巨，亟待科学规范的管护。江苏水利始终坚持一建就管，建管并重的理念，从起步探索建立水利工程管理机构、管理体制机制开始，到 20 世纪 70 年代，逐步形成了统一管理与分级管理相结合的体制。进入 20 世纪 80 年代，工程管理规范化、制度化建设探索实践，在水利深化改革浪潮中，管理体制机制进一步优化完善。90 年代后，相继制定了水闸、泵站系列管理办法和规章制度。21 世纪初，水闸、泵站技术管理办法在实践基础上得以修订完善，并制定印发堤防、水库技术管理办法，工程管理制度化建设基石愈发坚固。随着《江苏省水利工程管理考核办法》及考核标准的实施，水利工程管理考核工作全面推行，工程规范化、制度化、科学化管理进入新阶段。江苏水利始终坚持与时俱进、创新发展，经过长期深入实践，工程管理机制体制、技术手段、制度体系日臻健全，管理能力持续提升，一大批工程管理单位通过国家级、省级水利工程管理单位考核验收，工程管理稳步发展提升，服务经济社会成效显著。

借鉴先进的精细化管理理念和科学方法，是江苏水利贯彻习近平总书记十六字治水思路，落实“补短板、强监管、提质效”发展总基调，促进水利工程管理提档升级的重要举措。江苏水利以科学严谨的态度，敢为人先的勇气，突破工程管理传统思维定式，弘扬追求卓越的“工匠精神”，把精细化管理作为全省水利工程规范化管理的“升级版”、工程安全高效运行的“总阀门”、工程管理向现代化迈进的“推进器”，贯彻“精、准、细、严”的核心思想，以专业化为前提、系统化为保证、数据化为标准、信息化为手段，加强顶层设计，开展专题研究，构建理论体系，确立水利工程精细化管理的基本模式、工作体系、实施路径，先行先试，典型引领，逐步推广。先后出台《江苏省水利工程精细化管理指导意见》，印发《江苏省水利工程精细化管理评价办法》，围绕“六大管理”（管理任务、管理标准、管理制度、管理流程、管理评价和管理平台），细化目标任务、明晰工作标准、规范作业流程、健全管理制度、强化考核评价、构建信息平台，探索实践水利工程精细化管理的“江苏经验”。这是新时代江苏水利以科学理论推动工程管理提质增效的里程碑，也将为全国水利工程管理高质量发展提供经典案例。

为科学指导全省水利工程精细化管理有效推进，省水利厅组织编制了《江苏水利工程精细化管理丛书》，包括泵站工程、水闸工程、水库工程、堤防工程等4个分册，以“六大管理”为主线，指明了水利工程管理应该做什么、谁来做、如何做。内容切合实际，具有很强的可操作性、实践性。在水利建设迅猛发展的良好机遇期，该系列丛书的成功付梓，必将成为江苏水利精细化管理实践指南，为江苏水利锤炼精益求精的工程管理队伍，打造江苏水利管理精品奠定理论和实践基础，创造江苏水利工程管理更加辉煌的业绩。

2020年12月

前言

江苏滨江临海，境内分布长江、淮河、太湖和沂沭泗四大水系，地势平坦，平原辽阔，湖泊众多，水网密布，海陆相邻，既是鱼米之乡，又是“洪水走廊”。中华人民共和国成立后，开展了以控制流域洪水泛滥、约束洪水归槽的流域防洪工程建设，以洪涝分开、高低分排为主的区域防洪排涝工程建设，以江水北调、江水东引、引江济太为骨干的供水工程建设，以中低产田改造、灌区建设、平原河网化、圩区改造为重点的农田水利建设，建成了防洪治涝工程、调水配水工程、农村水利工程、河湖管护工作等四大体系。水闸、泵站、水库、堤防星罗棋布、协同配合，构成了水灾害防御、水资源调配、水生态保障的坚实防线。水利工程管理经过长期的探索和发展，经历了从无到有、从低到高，不断完善、持续提高的过程，逐步形成了较为完善的管理体系。特别是近十多年来，一大批水利工程管理单位通过国家级、省级水利工程管理单位考核验收，管理水平全面提升，服务保障能力持续增强，成为江苏省水利工程规范化管理的典范。

在新时代江苏水利全面推进高质量发展和现代化建设的新形势下，省水利厅提出在全省水利工程规范化管理的基础上，推进水利工程精细化管理，探索符合水利现代化要求的精细化管理新模式。为科学指导精细化管理有效推进，促进精细化管理在全省各地落地生根，省水利厅组织江苏省江都水利工程管理处、江苏省洪泽湖管理处等单位编制了《江苏水利工程精细化管理丛书》，共分水闸、泵站、水库、堤防精细化管理等 4 个分册。

《泵站精细化管理》共分七章，分别为概述、管理任务、管理标准、管理制度、管理流程、管理评价、管理平台，阐述了泵站工程精细化管理的思路、方法和重点工作，力求为全省泵站工程管理单位推进精细化管理提供工作指引和业务指导。

由于编者水平有限，本书中难免存在不妥和不足之处，敬请专家和广大读者批评指正。

目录

第一章　概述

第一节 基本情况

一、工程概况

江苏地处长江、淮河下游，东濒黄海，西连安徽，北接山东，南与浙江和上海毗邻，土地面积10.7万 km^2。省内分布长江、太湖、淮河和沂沭泗四大水系，长江横穿东西，大运河纵贯南北，东部海岸线长954 km。境内的太湖和洪泽湖，水域面积分别在全国淡水湖中排名第二、第四。

江苏境内除北部边缘、西南边缘为丘陵山地外，自北而南为黄淮平原、江淮平原、滨海平原、长江三角洲平原。素有"水乡"之称的江苏，既蕴藏着丰富的水资源，又是水旱灾害频繁发生之地。特定的地理位置和气候特点，导致局部洪水频发、区域洪水常见、流域洪水易发，全省防汛抗洪任务异常艰巨；水资源时空分布不均，流域上中游来水主要集中在汛期，大部分排泄入江入海，雨洪资源利用率不高，淮北、沿海、丘陵高地阶段性水资源紧缺。

1957年，为有效解决苏北地区的缺水问题，江苏提出了"以京杭运河为纲，三湖调节，八级抽水，使江淮、沂沭泗沟通，达到引江蓄水相结合，把苏北地区逐步建成完整的电网、抽水站网和渠系网"的宏伟规划，江水北调应运而生，历时20多年沿线相继建成17座大型泵站。江水北调工程是中国最早建设的跨流域调水工程，工程全长404 km，设9个提水梯级，受益范围覆盖苏中、苏北7市，受益面积达到6.3万 km^2，人口近4 000万，耕地4 500万亩。工程建成后，串联起洪泽湖、骆马湖、微山湖，实现长江、淮河、沂沭泗三大水系互联互通，年平均抽江规模达到30多亿 m^3，干旱年份达到70多亿 m^3，助推了苏北地区的经济社会发展和繁荣。2002年开工建设的南水北调东线一期江苏段工程，是在原有江水北调工程基础上进行的规模扩大和向北延伸，形成了江苏境内双线输水格局。南水北调东线工程干线总长1 156 km，沿线通过13个梯级泵站逐级提水北上，总扬程65 m。新建南水北调工程与我省现有江水北调工程共同构成调水工程体系，一级抽江规模达到500 m^3/s，年平均新增供水量36亿 m^3，其中江苏境内使用19.3亿 m^3，向山东省供水13.5亿 m^3，洪泽湖周边安徽省用水3.2亿 m^3。工程以供应受水区城市生活、工业和环境用水为主，兼顾农业、航运和其他用水，缓解受水区用水紧张状况，促进生态环境改善和经济社会长期平稳发展。

在江苏各类水利工程中，泵站工程无论是建设规模、技术创新，还是管理水平，始终保持全国领先，充分代表和体现了江苏水利工程建设与管理的成就。在江水北调工程体系中，1963 年率先建成的江都一站，是我国第一座自行设计、自行建设、自行管理的大型泵站。江都抽水站作为我国第一个大型泵站群，在 1982 年荣获国家金奖；1979 年建成的淮安二站安装了全国最大直径的轴流泵；1987 年建成的皂河抽水站是亚洲水泵叶轮直径最大的泵站；1997 年建成了全国叶轮直径最大的贯流泵站淮安三站；2000 年建成了亚洲单站装机容量最大的泵站临洪东站。在太湖治理、城市防洪工程中，江苏省还建设了多座泵站，此类泵站运行扬程相对比较低，一般以选用低扬程立式轴流泵、贯流泵为主。例如为秦淮河流域内提供灌排服务的武定门泵站、秦淮新河泵站等；为解决流域、区域排洪的魏村泵站、新夏港泵站等。同时为了改善区域或城市水环境，不少泵站兼具排涝、引水双向功能，例如太湖治理骨干工程常熟泵站、张家港泵站、新沟河泵站等。近年来，由于潜水电泵的密封、绝缘、冷却和监控等技术有了长足进展，大型潜水电泵也获得一定程度的推广应用。截至 2019 年底，全省共有大、中型泵站 423 座，江苏已成为国内泵站数量最多、结构形式最全的省份。

目前省内已形成了以大型泵站为骨干的防洪排涝以及跨流域调水工程体系，以重点中型泵站为主体的流域性、地区性调水排灌工程体系和以小型泵站为基础的农田排灌工程网络。泵站工程在抗御洪、涝、旱、台风等自然灾害，提高水资源有效供给能力，改善水生态环境中起到了不可估量的作用，促进了全省国民经济快速稳定健康发展。

二、管理情况

（一）管理历程

江苏机电排灌泵站的发展，大体上可分为六个阶段，一是建设试点阶段，1951 年建设杨家圩电力排灌站，1952 年建设扬州瘦西湖电力排灌站等；二是全面建站阶段，1957 年建设江都仙女庙电力灌区等；三是调整建设阶段，从 1961 年起建设大型水利枢纽江都排灌站，并对灌区配套工程加以整顿和补充；四是扩大发展阶段，从 1966 年起，泵站建设进入高速发展阶段，江水北调体系梯级泵站全面开工建设；五是调整、改革、整顿、提高阶段，从 1980 年开始，进行泵站技术改造工作，注重泵站工程效益，提高设备保障率；六是全面建设阶段，从 2002 年开始，随着南水北调东线工程及全省城市防洪工程建设，泵站工程建设进入新一轮高潮。

建设是基础，管理是关键。如何把泵站管好，发挥工程最大最优效益一直是江苏水利孜孜以求的目标。中华人民共和国成立初期省内新建成的泵站工程，一时没有专门的管理机构和人员，往往由施工单位代管，后续管理单位成立后，无论是人员业务能力、管理经验都很欠缺，当时也没有现成的管理技术标准，工程技术管理水平整体较低，"重建轻管"的思想在一定程度上制约着泵站管理工作。

从 20 世纪 80 年代后期起，大型泵站的建设进入巩固提高、稳步发展阶段，规范泵站工程管理、提升管理技术水平显得越来越重要。全省自上而下，因地制宜，在不断完善中积累、总结泵站管理的经验做法。一方面，工程管理规范化在探索中前行，从工程规划、设计、施工、安装到运行管理，技术水平有了很大的提高；另一方面，基层泵站管理单位结合工程实际和多年实践，逐步形成了较为完善的管理体系，管理的内容逐步拓展、要求逐步提高、行为逐步规范、投入逐步加大。特别是近十年，一大批泵站工程管理单位通过国家级、省级水利工程管理单位达标考核，围绕组织管理、安全管理、运行管理、经济管理四大方面，集中人才、物力、财力，全面提升工程管理水平，取得了十分显著的成效，成为水利工程规范化管理的示范。

（二）管理体制

根据《江苏省水利工程管理条例》规定，全省水利工程按照受益和影响范围的大小，实行统一管理和分级管理相结合、专业管理和群众管理相结合的办法进行管理。省水利厅直属管理处共管理130余座流域性水利枢纽工程（其中泵站22座），其他工程由所在设区市、县水行政主管部门负责管理，并成立水管单位实施具体管理。2004年起，各地积极推进水管体制改革，实行"管养分离"，积极探索委托管理新模式。

（三）标准体系与制度建设

为加强泵站管理，提高技术管理水平，国家先后制定了《国营机电排灌站经营管理办法》《泵站现场测试规程》《泵站技术改造通则》等，从制度上统一规定了泵站的组织管理、工程管理、机电设备管理及灌溉管理的要求。在此基础上，制定了包括设计、施工、安装、验收、管理等的综合性技术标准《泵站技术规范》（SD204—86），系统规定了泵站规划、枢纽布置、建筑物设计、主机组及电气设备选型配套等一系列技术要求，为推动我国泵站技术的发展起到重要作用。

水利部颁发《泵站技术规范》后，省水利厅编写了《泵站技术规范》，要求各管理单位依据单位实际情况，编写各泵站工程管理办法，内容包括机组运行管理、维修、电气试验、事故处理等要求和方法，并把各种操作规程、安全规程汇集在一起，明确各项工作内容的具体做法、要求，不断提升工程管理水平。省水利厅还制定了一套比较完善的省级水利工程管理制度体系和技术标准体系，每年组织基层水管单位技术人员进行宣贯和技术培训；要求各单位根据工程实际情况，编制各单位规章制度和水利工程管理细则，汇编成册，并组织职工学习。督查各单位严格执行规章制度，加强对工程管理行为的监督检查，全省水利工程管理水平显著提高。

省水利厅先后参与制定了《江苏省泵站技术管理办法》《江苏省泵站安全鉴定管理办法》《江苏省水利工程管理考核办法》《江苏省水利工程运行管理督查办法》等规范性文件，参与编写了《泵站技术管理规程》（GB/T30948—2014）、《泵站安全鉴定规程》（SL316—2015），出台了《泵站运行规程》（DB32/T1360—2009）、《水利工程观测规程》（DB32/T1713—2011）、《大中型泵站主机组检修技术规程》（DB32/T1005—2006）、《水闸泵站标志标牌规范》（DB32/T3839—2020）等多项地方标准，指导全省泵站工程规范化管理工作，完善了全省泵站工程管理技术标准体系。各工程管理单位按照法律法规、规范性文件和技术标准的要求，结合各工程实际情况制定技术管理实施细则、技术管理制度和相关应急预案，健全各项规章制度，明确各岗位职责，落实技术管理和安全运行各项责任制。

（四）教育培训

各级水行政主管部门和管理单位历来重视职工教育和技术培训工作，采取集中培训、外送培训、联合培训、现场培训及日常技术"传、帮、带"相结合等方式，加强对职工的教育和培养。省水利厅联合省人社厅定期组织泵站运行工技能竞赛，在竞赛中取得优秀成绩的可直接晋升技师或高级技师，为优秀人才的脱颖而出提供了舞台，受到了基层管理单位的普遍欢迎。

省水利厅定期举办地方标准宣贯、工程观测、安全管理、涉河建设项目管理以及管理专项考核等涉及泵站技术管理的专题培训班、基层站所所长培训班；厅直属管理单位经常举办专题讲座和现场讲解，开展防洪预案与反事故预案演练，设备操作与故障排查，泵站运行工升级培训等，多形式、多渠道、全方位地锻炼专业队伍，不断提高管理人员综合素质，全面提升管理队伍的整体水平和运行管理能力，以适应泵站现代化管理的新要求。

（五）科技创新

在泵站运行管理中，管理单位积极引进与推广应用新技术、新材料、新设备、新工艺，组织开展各类技术攻关和专题研究。一些先进的技术装备得到推广应用：水泵泵型有导叶式混流泵、竖井式贯流泵、高压潜水轴流泵等；电气控制设备有 GIS 封闭式组合电气开关、高压变频器、测控保一体化装置等；辅机设备有内置式液压叶片调节机构、压力平衡式真空破坏阀和主机冷却水循环装置等。1999 年，国家“948”项目“大型泵站计算机监控系统”在江都四站成功获得实施，此后自动化监控技术、信息化建设在省内大中型泵站得到了普遍应用。在此基础上，许多泵站管理单位积极开展泵站优化调度、设备故障自动诊断及全生命周期管理等技术的探索研究，增强了运行安全保障能力，提高了运行效能和科技水平。

三、管理创新

（一）推进管理考核

水利工程管理考核是推进水利工程管理规范化、制度化、现代化建设，提高水利工程管理水平的一项重要措施。自 1993 年起，省水利厅首先在厅属管理处推行管理考核工作，先后制定了《厅属管理单位经营管理考核办法》和《省属水利工程管理单位“达标管理所”建设考核标准》，从管理单位精神文明建设、工程管理、财务管理、综合经营等四个方面制定了量化考核指标，促进了工程管理规范化和管理单位全面发展。

1994 年水利部发布了《河道目标管理考评办法》（水管〔1994〕433 号），进一步推进了全省河道堤防工程规范化管理工作，我省常熟市长江河道管理处和无锡市滨湖区马圩太湖堤闸管理所分别通过了由水利部长江水利委员会和太湖流域管理局组织的“国家二级河道目标管理单位”考评验收。

2003 年，水利部印发《水利工程管理考核办法》及其考核标准，我省全面推行水利工程管理考核，制定了《江苏省水利工程管理考核办法》及其考核标准，并不断修改完善。以创建国家级、省级水管单位为抓手，开展年度水管单位自检与考核、省级水管单位定期复核和不定期飞检抽查，整改工程管理存在的问题与不足，不断完善工程设施、改善环境面貌、规范管理行为、提升人员素质，保障水利工程安全完好，充分发挥工程设计效益，提高现代化管理水平。截至 2019 年底，全省省级以上水管单位共 306 家，占全省水管单位总数的 51.2%，其中国家级水管单位 20 家，继续在全国保持领先地位。全省有水利工程管理单位的 103 个县（区、市、市属）中有 80 个县（区、市、市属）的单位已取得省三级以上水管单位称号，覆盖率 77.7%。

（二）加强运行督查

各级水行政主管部门始终把水利工程安全放在首要位置抓实抓好，绷紧工程安全运行这根弦，增强“安全生产一失万无”的忧患意识，强化工程安全运行管理，加强日常检查、隐患排查整治，不断提高水利工程的安全冗余度，坚决遏制安全事故发生，以较为完备和运行良好的水利工程体系为依托，保障防洪安全、供水安全和生态安全。

省水利厅根据全省实际情况和有关规定，制定了《江苏省水利工程运行管理督查办法》，补充完善了督查内容，督查范围扩大到所有水利工程，突出大中型水利工程和流域性河道堤防为督查重点。编制了《江苏省水利工程运行管理督查工作手册》，印发全省试行，明确了水利工程运行管理的各项标准和要求，进一步规范运行管理的各项工作。除专项督查外，省水利厅还多次组织多种形式的水利工程运行安全检查，对督查发现的问题进行通报。通过督查，查出工程运行管理的薄弱环节，对管理单位起到督促、指导的作用，帮助所在地区提高工程运行管理水平。

（三）推广精细化管理

为顺应新时期水利工程管理要求，进一步规范管理行为，促进水利工程管理水平提档升级，省水利厅在强化水利工程依法管理、规范管理的基础上，积极推进管理创新，自 2015 年起首先在厅属管理处开展水利工程精细化管理试点。2016 年，省水利厅印发了《江苏省水利工程精细化管理指导意见》，并组织了精细化管理培训，首先在国家级水管单位和厅属管理处先行先试。2017 年起，试点范围扩大到全省各地。2019 年 1 月，省水利厅印发了《江苏省水利工程精细化管理评价办法》及评价标准，在全省水管单位全面推行精细化管理工作。

第二节　精细化管理

精细化管理是一种管理理念和管理方法，通过规则的系统化和量化，使各单位组织管理精确、高效、协同和持续运行。水利工程精细化管理的本质意义就在于它是一种对管理单位发展规划和目标任务进行分解、细化和落实的过程，是提升工作成效和整体执行能力的一个重要途径。

一、总体思路

推进水利工程精细化管理要基于行业工作性质和特点，根据本单位的实际需求，在现有规范化管理的基础上，借鉴精细化管理的理念和方法，倡导精益求精的工作态度，弘扬追求卓越的“工匠精神”，转变工程管理传统思维模式，把精细化管理作为我省水利工程规范化管理的“升级版”、安全运行的“总开关”。贯彻“精、准、细、严”的核心思想，推行系统化、标准化、流程化、信息化的基本方法，形成全过程、重细节、闭环化、可追溯的管理机制，围绕“六大管理”（管理任务、管理标准、管理流程、管理制度、管理评价和管理平台），细化目标任务、明晰工作标准、规范作业流程、健全管理制度、强化考核评价、构建信息平台，探索符合水利现代化要求的精细化管理模式，促进水利工程管理由粗放到规范、由规范向精细、由传统经验型向现代科学型管理转变，构建更加科学高效的工程管理新体系，保证水利工程安全运行，促进水利工程管理水平提档升级。

二、工作目标

在全省各地全面推进精细化管理工作，以国家级、省级水利工程管理单位为重点，立足实际，典型示范，拓展延伸，永续渐进，实现精细化管理全覆盖，促进管理体系不断完善、管理技术不断升级、管理能力不断增强、管理质效不断提升，构建水利工程精细化管理新模式。在全省建成一批精细化管理示范工程，打造水利工程管理“江苏品牌”。

三、工作要点

1. 细化目标任务。根据年度工作计划，细化分解季、月、周工作任务清单，将任务落实到管理岗位、具体人员。

2. 明晰工作标准。制定控制运用、检查观测、维修养护、安全生产等管理行为和设备设施状况、标识标牌、工程环境等方面工作标准体系。

3. 规范作业流程。规范控制运用、检查观测、维修养护、安全生产、水政监察、档案管理、环境管理等主要工作流程，编制典型工作作业指导书。

4. 健全管理制度。完善管理细则、规章制度、操作规程等制度体系，注重执行效果的监督评估和总结提高。

5. 强化考核评价。建立工作目标管理和个人绩效考核机制，落实奖惩激励措施，开展精细化管理工作评价。

6. 构建信息平台。借助信息技术开发工程管理信息系统，将精细化管理相关要求结合到工程监控和管理信息化应用系统中，促进工程管理精细化落地生根。

四、推进措施

1. 精心组织。各地应根据《江苏省水利工程管理精细化管理指导意见》要求，制定精细化管理实施计划和方案，落实工作责任，加强宣传引导和队伍建设，加大经费保障力度，促进精细化管理工作有序推进。

2. 拓展延伸。管理单位要结合实施情况，加强对精细化管理工作的总结和实际成效的评估，注重学习借鉴其他单位的成功经验和做法。要不断拓展精细化管理内涵，延伸精细化管理范围，逐步实现全覆盖。

3. 永续渐进。把精细化管理的理念、方法长期贯穿于工作之中，形成常态化的工作机制，从易到难、由浅入深，总结完善，持续改进，不断提高精细化管理与业务工作的契合度，以精细化管理助推工程管理现代化。

第二章　管理任务

泵站工程承担着防洪减灾、水资源供给、水生态改善等重要任务，按照现行水利工程管理相关规定，泵站日常管理常规性工作及重点专项工作主要包括控制运用、工程检查、工程观测、维修养护、设备评级、安全生产、制度建设、档案管理、水政管理以及度汛准备等。管理单位推进精细化管理，首先需要明确细化工作目标任务。工作任务制定的细致程度与执行效果有着密切的关系，要将单项工作或任务按合理的逻辑结构，分解为若干个组成部分，每个部分又可分解成若干个更小的部分，直到不能再分或不必要再分为止。泵站管理单位要制订分解年度工作计划，明确各阶段重点工作任务，对相对固定的工作任务按年、月、周、日等时间段进行细分，形成工作任务清单，明确工作项目、时间节点、主要内容、责任对象，内容应具体详细。

要根据管理职责和工作任务，合理设置管理机构和岗位，并按标准配置人员，一般设管理岗、专业技术岗、工勤技能岗，其中管理岗包括所长、副所长、管理员等，专业技术岗包括高级工程师、工程师、助理工程师，工勤技能岗包括泵站运行高级技师、泵站运行技师、泵站运行高级工、泵站运行中级工、泵站运行初级工，人员配备满足管理需要。要将每项工作落实到岗位、到人员，做到事事有人管、人人有事做、责任可追溯。同时，要求每一位责任人都要到位、尽职，工作要日清日结、跟踪检查，发现问题偏差及时纠正、及时处理，确保各项工作任务按计划落实到位。

任务清单划分表如图 2-1 所示。

一、控制运用任务

管理单位接到上级主管部门的调度指令后，应结合工程实际情况，确定机组开启台数和运行方案，做好设备设施的检查及主、辅机试运行等准备工作，按照机组操作规程进行开启、停运操作，操作结束后，进行核查、反馈、记录，同时做好运行值班管理工作。

控制运用任务可分为调度管理、运行操作和运行值班。

（一）调度管理

调度管理包括指令接收、确定方案、指令执行、指令回复等。调度管理任务清单示例如表 2-1 所示。

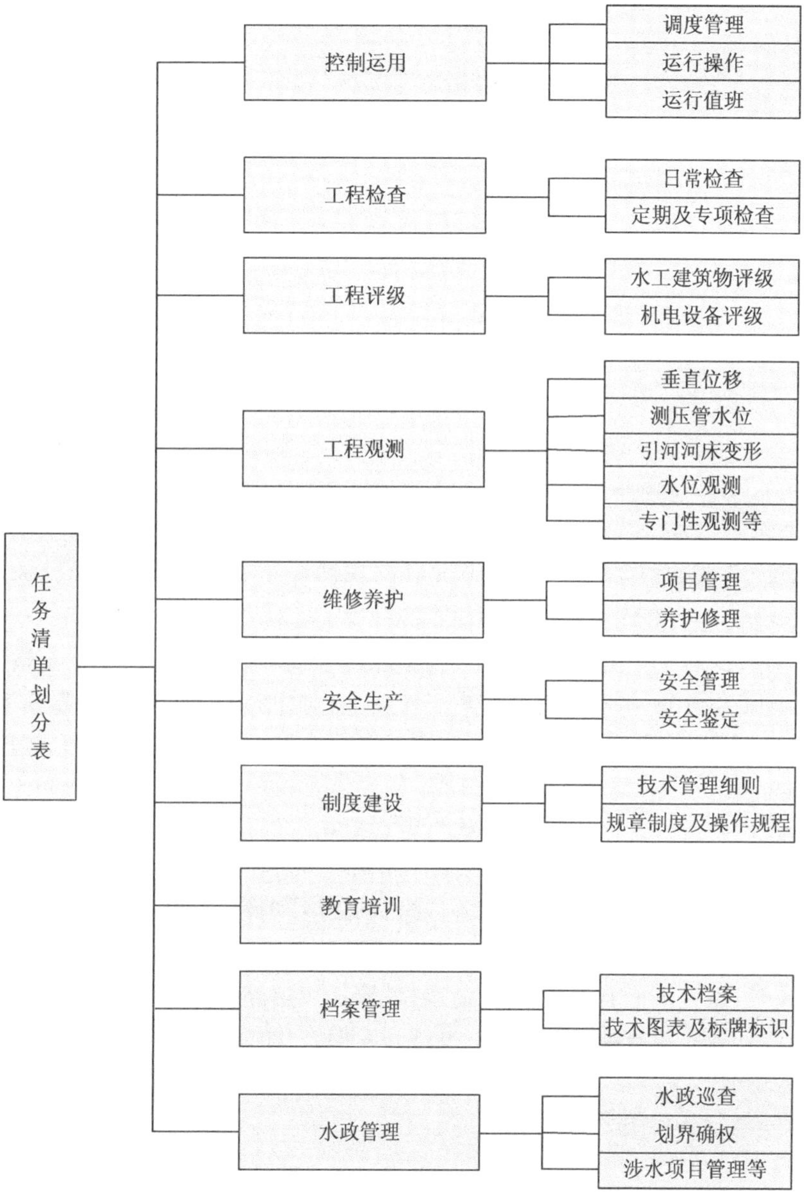

图 2-1 任务清单划分表示意图

表 2-1 调度管理任务清单

任务名称	分项任务	工作内容	时间	责任岗位
调度管理	指令接收	接收上级主管部门调度指令	按调度指令	单位负责人 技术人员 泵站运行工
	确定方案	根据调度指令、运行规程，确定泵站开机台数、开机顺序和运行工况		
	指令执行	执行开、停机，工况调节等指令，填写调度运用记录		
	指令回复	执行完毕后，向上级部门回复指令执行情况		

（二）运行操作

运行操作包括运行准备、开机操作、停机操作等。运行操作任务清单示例如表 2-2 所示。

表 2-2　运行操作任务清单

任务名称	分项任务	工作内容	时间	责任岗位
运行操作	运行准备	配备运行值班人员，编排值班表	操作前	单位负责人 泵站运行工
		进行开机流程模拟		
		检查确认水工建筑物、机电设备完好，主电机绝缘符合要求，上下游引河无异常情况，记录工程检查情况		
		对油、气、水辅机系统检查调试		
		向供电部门或变电所申请停、送电		
	开机操作	签发主变投入操作票，投运主变	按照运行方案	单位负责人 泵站运行工
		签发电源切换操作票，站变投运，切换站用电源		
		签发开机操作票，投运主机		
		检查主辅机设备运行情况，以及建筑物、水位、流态等		
		向上级主管部门报告指令执行情况		
	停机操作	签发停机操作票，进行停机操作	按调度指令	
		停运油、气、水辅机系统		
		签发电源切换操作票，切换站用电源		
		签发主变切出操作票，切出主变		
		检查工程设备设施状况		
		向上级主管部门报告指令执行情况		

（三）运行值班

运行值班主要包括交接班、值班场所管理、设备巡查等。运行值班任务清单示例如表 2-3 所示。

表 2-3　运行值班任务清单

任务名称	分项任务	工作内容	时间及频次	责任岗位
运行值班	人员配备	运行值班人员的数量和业务能力满足要求	运行期	单位负责人
	运行监视	监视水位、流量、功率、电流、油温及瓦温等运行参数		
	运行巡查	按照规定的巡查路线、巡查内容及要求进行巡查，并记录	2 小时一次，特殊情况增加频次	
		发生故障或突发情况及时向负责人和上级主管部门报告，并记录		
	运行工况调整	根据上下游水位变化，按照水泵装置特征曲线，实时调整机组的运行状态	运行期	泵站运行工
	交接班	交接双方把指令要求、运行工况、设备状况等做到交清楚、接明白		

二、工程检查任务

工程检查分为日常检查、定期检查、专项检查。

（一）日常检查

日常检查包括日常巡查和经常检查。

1. 日常巡查主要对泵站管理范围内的建筑物、设备设施、工程环境等进行巡视检查。

2. 经常检查主要对建筑物各部位、主机泵、高低压电气设备、辅机系统、金属结构、自动化监测设备、管理设施及管理范围内的河道、堤防、拦河坝和水流形态等进行检查。

日常检查任务清单示例如表 2-4 所示。

表 2-4　日常检查任务清单

任务名称	分项任务	工作内容	时间及频次	责任岗位
日常检查	日常巡查	确定巡查路线，按规定巡视路线对建筑物、主机泵、电气设备、辅助设备、监测系统、观测设施、水文设施、管理设施、管理范围等总体情况进行检查，并填写日常巡查记录	每日一次（与经常检查不重复进行）	技术人员 泵站运行工
	经常检查	按规定的巡查路线对主副厂房、工作桥、公路桥、上下游护坡、拦河设施、上下游翼墙、运行期水流状态、主机泵、辅助设备、电气设备、监控设施、观测设施、管理设施等进行详细检查，并填写经常检查记录	工程投入使用 5 年内，每周不少于 2 次，以后每周 1 次	技术人员

（二）定期检查及专项检查

定期检查分为汛前检查、汛后检查、水下检查、试验检测等。

1. 汛前检查是一项为度汛做准备的综合性工作，着重检查建筑物、设备和设施的最新状况，安全度汛存在的问题及措施。工作任务主要包括成立组织机构，制订工作计划，开展工程检查、观测与评级，设备维修养护，落实应急措施，收集整理资料，编制检查报告，开展专项考核和问题整改提高等。

2. 汛后检查着重检查建筑物、设备设施度汛后的变化和损坏情况。

3. 水下检查着重检查水下工程的损坏情况。

4. 试验检测主要包括电气试验、常用测量工具校验、特种设备检验和安全用具校验等。

专项检查主要为发生地震、风暴潮、台风或其他自然灾害，泵站超过设计标准运行，或发生重大工程事故后进行的特别检查。

定期及专项检查任务清单示例如表 2-5 所示。

表 2-5 定期及专项检查任务清单

任务名称	分项任务	工作内容	时间	责任岗位
定期检查	汛前检查	成立汛前准备工作组，编制计划，落实任务	每年 3 月底前完成	单位负责人 技术负责人 技术人员 泵站运行工
		全面检查机电设备、工程设施的最新状况，开展工程观测、工程评级		
		维修养护工程，完成度汛应急工程		
		修订防汛防旱应急预案、事故应急预案等，预案报上级主管部门审批		
		建立抢险队伍，开展预案演练培训		
		落实防汛物资，储备备品备件		
		修订完善规章制度，收集整理软件资料		
		对汛前检查情况及存在问题进行总结，提出初步措施，形成报告，并报上级主管部门		
		接受上级汛前专项检查，按要求整改提高，及时向上级主管部门反馈	4 月上旬	
	汛后检查	检查工程和设备度汛后的变化和损坏情况	每年 10 月底前完成	技术负责人 技术人员 泵站运行工
		对检查中发现的问题及时组织人员修复或作为下一年度的维修项目上报		
		记录汛后检查情况，并报告上级主管部门		
	水下检查	由潜水作业人员或专用水下探测设备进行底板、墩墙、流道、伸缩缝、拦污栅等检查，编制水下检查报告	每年汛前	技术负责人 技术人员
	试验检测	对电气设备、安全用具、特种设备、仪表进行检测试验，并出具检测报告，粘贴检验标志	详见表 2-6“试验检测项目清单”	技术负责人 技术人员

续表

任务名称	分项任务	工作内容	时间	责任岗位
专项检查	全面检查或重点检查	专项检查可参照定期检查内容和要求，特殊项目可委托专业单位进行	泵站超标运用、遭受强烈地震、重大工程事故后进行	技术负责人 技术人员 检查人员
		对检查发现的安全隐患，管理单位及时安排处理		
		对暂时无法解决的问题，应制定好应急抢险方案，并上报上级主管部门		
		编报特别检查报告		

试验检测项目清单示例如表 2-6 所示。

表 2-6　试验检测项目清单

试验项目	试验内容	试验周期
预防性电气试验	主变压器	每年 1 次 按照电气试验规定、标准
	GIS 组合电器	
	主电机	
	高压设备	
	低压设备	
	测量仪表	
	保护装置	
	工作接地	
	建筑物防雷接地	每年汛前
常用测量工具校验	万用表	每年 1 次
	兆欧表	
	钳形电流表	
	游标卡尺、千分尺、深度尺等	
特种设备检验	安全阀	每年检测 1 次
	起重机械	每 2 年检测 1 次
	压力容器	每 6 年检测 1 次
安全用具校验	绝缘手套	半年 1 次
	绝缘靴	半年 1 次
	短路接地线	每 5 年 1 次
	验电器	每年 1 次
	绝缘杆	每年 1 次
	安全帽	每年 1 次、使用前

三、工程评级任务

管理单位应结合工程检查，定期对各类建筑物、机电设备和金属结构等进行评级，填写评级表，并报上级主管部门审批。工程评级任务清单主要包括编制计划、组织评定、成果认定、评级总结等。

工程评级任务清单示例如表 2-7 所示。

表 2-7 工程评级任务清单

任务名称	分项任务	工作内容	时间及频次	责任岗位
工程评级	编制计划	成立评级工作组，制定计划方案	一般结合汛前检查进行，评级周期为 1 年	技术负责人 技术人员 评级小组成员
	组织评定	对机电设备、水工建筑物逐级进行自评		
		分别填写机电设备、水工建筑物评级表，编制工程评级报告		
	成果认定	管理单位自评后，报上级主管部门		
	评级总结	对评级工作进行总结		

四、工程观测任务

管理单位应按照观测标准和本工程设计观测要求，结合工程运用中发现的主要问题，开展观测工作，保持观测工作的系统性和连续性。工程观测任务分为观测任务书编报、仪器校验、垂直位移观测、测压管水位观测、引河河床变形观测、专门性观测、水位观测、资料整编等。

工程观测任务清单示例如表 2-8 所示。

表 2-8 工程观测任务清单

任务名称	分项任务	工作内容	时间及频次	责任岗位
工程观测	编报观测任务书	明确观测项目、观测时间与测次、观测方法与精度、观测成果要求等	新建工程移交或工程发生变化	技术负责人
		报上级主管部门批准		
	仪器校验	对水准仪、全站仪、测深仪等进行校验	每年 1 次	技术人员
	垂直位移	测点高程测量、工作基点考证等，同时进行计算、校核，最后进行成果整理及初步分析	按照《观测任务书》中的规定时间	技术人员
	测压管水位	测压管水位观测、测压管灵敏度试验(5 年一次)、测压管管口高程考证，成果整理及初步分析		
	引河河床变形	河床变形测量、河床断面桩顶高程考证，成果整理及初步分析		

续表

任务名称	分项任务	工作内容	时间及频次	责任岗位
工程观测	专门性观测	伸缩缝测量、混凝土建筑物裂缝测量、土压力观测，成果整理及初步分析		技术人员
	水位观测	现场记录，及时整理	全年	
	资料整编	按时上报观测成果，年底完成年度观测资料整编、审查，编写观测工作说明及分析报告	年底	
		分析观测成果的变化规律及趋势，并对工程的控制运用、维修加固提出初步建议		

五、养护维修任务

泵站工程的养护维修内容主要包括水工建筑物、主机组、高低压电气设备、辅机设备、金属结构、自动化监控设施、管理设施等。管理单位应根据工程存在的问题，编制养护维修计划，按照项目管理要求和检修技术标准组织实施。养护维修任务分为项目管理、养护修理。

（一）项目管理

项目管理包括编报计划、实施准备、项目实施、审计验收等。项目管理任务清单示例如表 2-9 所示。

表 2-9　项目管理任务清单

任务名称	分项任务	工作内容	时间及频次	责任岗位
项目管理	编报计划	编制工程养护维修计划并报批	养护一般按季度进行，维修根据项目批复确定	单位负责人 技术人员
	实施准备	根据下达的计划，编制实施方案		
	项目实施	组织人员实施，或按规定选择施工队伍和采购物资		
		对项目实施的进度、质量、安全、经费、档案资料进行管理		
	项目验收	项目完工后，及时组织项目决算、审计及竣工验收		
	项目管理卡	形成项目管理卡		
	绩效评价	开展项目绩效评价，填写绩效目标自评表		

（二）养护维修

养护维修分为工程养护、工程维修。养护维修任务清单示例如表 2-10 所示。

表 2-10 养护修理任务清单

任务名称	分项任务	工作内容	时间及频次	责任岗位
养护	水工建筑物	对土工建筑物、石工建筑物、混凝土建筑物等进行养护，形成水工建筑物养护记录	根据运行情况确定养护频率，每年全面养护不少于一次	单位负责人 技术人员 泵站运行工
	机电设备	对主机泵、主变压器、高低压电气设备、油气水辅助设备、金属结构部分等进行养护，形成机电设备养护记录		
	通信及监控设施	对通信设施、监控系统硬件设施、监控系统软件系统进行养护，形成通信及监控设施养护记录		
	工程观测设施	对垂直位移测点、测压管、断面桩、裂缝、伸缩缝观测标点进行养护，保持设施完好、编号完整	定期检查、及时养护	技术人员
	管理设施	对控制室、启闭机房、管理区道路、工程标牌、照明系统进行保洁、养护		单位负责人
维修	按维修项目	按批复内容实施	根据批复工期要求	单位负责人 技术人员

六、安全生产任务

安全生产参照水利部安全生产标准化建设的相关要求进行管理。安全生产任务可分为安全管理和安全鉴定。

（一）安全管理

安全管理内容主要包括目标职责、制度化管理、教育培训、现场管理、安全风险管控及隐患排查治理、应急管理、事故管理、持续改进等。安全管理任务清单示例如表 2-11 所示。

表 2-11 安全管理任务清单

任务名称	分项任务	工作内容	时间及频次	责任岗位
安全管理	目标职责	制定、分解年度安全生产目标	每年初	单位负责人 技术人员
		全员签订安全生产责任状		
		制订安全生产费用使用计划	每年初	
		制订年度安全文化建设计划，并开展安全文化活动	按年度计划	
	制度化管理	识别、获取、发放相关法律法规及其他	一季度	技术人员
	教育培训	制定安全教育培训计划	全年	
		人员教育培训、相关方及外来人员安全教育		

续表

<table>
<tr><th>任务名称</th><th>分项任务</th><th>工作内容</th><th>时间及频次</th><th>责任岗位</th></tr>
<tr><td rowspan="13">安全管理</td><td rowspan="3">现场管理</td><td>特种设备按规定进行注册、登记</td><td rowspan="2">按规定时间</td><td rowspan="2">技术工人</td></tr>
<tr><td>做好特种设备、电气设备检验检测</td></tr>
<tr><td>配备职业健康保护设施、工具和用品，并规范使用</td><td>适时</td><td>技术人员</td></tr>
<tr><td rowspan="5">安全风险管控及隐患排查治理</td><td>安全风险辨识与控制</td><td>适时（动态）</td><td rowspan="3">单位负责人
技术人员</td></tr>
<tr><td>安全风险评估</td><td>3 年 1 次</td></tr>
<tr><td>对重大危险源制定安全管理技术措施、应急预案，建立台账并上报</td><td>适时（动态）</td></tr>
<tr><td>隐患排查、治理，定期上报排查信息</td><td rowspan="2">及时</td><td rowspan="2">单位负责人
技术人员</td></tr>
<tr><td>对风险进行分析、预测，及时预警</td></tr>
<tr><td rowspan="2">应急管理</td><td>发生突发事件时，根据预案要求，启动应急响应程序</td><td>及时</td><td rowspan="2">单位负责人</td></tr>
<tr><td>评估应急准备和应急处置</td><td>年底或汛前</td></tr>
<tr><td rowspan="2">事故管理</td><td>发生事故时，及时报告、处置</td><td>及时</td><td rowspan="2">单位负责人
技术人员</td></tr>
<tr><td>定期通过信息系统上报零事故报告</td><td>月底</td></tr>
<tr><td rowspan="2">持续改进</td><td>全面评价安全标准化信息管理体系运行情况，进行绩效评定</td><td>每年 12 月</td><td rowspan="2">单位负责人
技术人员</td></tr>
<tr><td></td><td>根据评定结果，进行整改</td><td>全年</td></tr>
<tr><td colspan="5">说明：安全管理涉及的规章制度、操作规程修订完善，教育培训，工程设施管理，作业行为管理，预案修订、演练，防汛物资储备等分项任务参照相关任务清单</td></tr>
</table>

（二）安全鉴定

安全鉴定主要包括编制计划，现场调查分析、安全检测、安全复核计算、安全评价，成果审定、成果运用等。

安全鉴定任务清单示例如表 2-12 所示。

表 2-12　安全鉴定任务清单

<table>
<tr><th>任务名称</th><th>分项任务</th><th>工作内容</th><th>时间及频次</th><th>责任岗位</th></tr>
<tr><td rowspan="7">安全鉴定</td><td>编制计划</td><td>根据工程现状，编制安全鉴定计划</td><td rowspan="7">新建泵站投入运行 20～25 年或更新改造泵站投入运行 15～20 年后进行 1 次全面安全鉴定，之后每隔 5～10 年进行 1 次；其他需要进行全面安全鉴定或专项安全鉴定的参照《江苏省泵站安全鉴定管理办法》执行</td><td rowspan="7">单位负责人
技术人员</td></tr>
<tr><td>现状调查</td><td>收集工程技术资料、开展现场检查，编写现状调查分析报告</td></tr>
<tr><td>安全检测</td><td>委托有资质的检测单位开展专项检测，编制安全检测报告</td></tr>
<tr><td>安全复核</td><td>委托有资质的设计单位进行安全复核计算分析，编制安全复核报告</td></tr>
<tr><td>安全评价</td><td>委托有资质的设计单位进行安全评价，编制安全评价报告</td></tr>
<tr><td>成果审定</td><td>报送上级主管部门审查，填写安全鉴定报告书</td></tr>
<tr><td>成果运用</td><td>根据鉴定结论，开展除险加固、工程维修等工作</td></tr>
</table>

七、制度管理任务

管理单位应结合工程实际，建立并及时修订泵站工程管理细则、规章制度和操作规程等规范，主要涉及岗位职责、教育培训、控制运用、检查观测、养护维修、安全生产、防汛管理、水政管理、档案管理等。制度管理任务清单示例如表 2-13 所示。

表 2-13　制度管理任务清单

任务名称	分项任务	工作内容	时间	责任岗位
技术管理细则	编制细则	根据设计文件及相关管理规定，编制技术管理细则	工程接管后	单位负责人 技术人员
	审批印发	报上级主管部门审批、印发	编制完成后	
	修订完善	工程管理条件变化、设备更新改造后，及时组织修订完善、报批	管理条件发生变化	
规章制度	制订计划	制订、修改、完善计划，明确修订项目、内容及节点时间	每年年初	单位负责人 技术人员
	修订完善	根据制度执行评价情况和管理条件变化情况，对各项制度进行修订完善	一般汛前完成	
	制度执行及评估	严格执行各项规章制度，形成过程资料，每年底根据执行情况，对效果进行评估，形成总结	全年	
操作规程	引用或编制	根据运行条件及设备操作说明编制操作规程	汛前或设备更新时	技术人员 泵站运行工
	执行与修订	严格执行操作规程，工程管理条件变化、设备更新改造后，及时组织修订完善	条件变化	

八、教育培训任务

管理单位应制订年度教育培训计划，开展在岗人员专业技术和业务技能的学习与培训，每年对教育培训效果进行评估和总结，建立教育培训台账。

教育培训工作任务清单示例如表 2-14 所示。

表 2-14　教育培训工作任务清单

任务名称	分项任务	工作内容	时间	责任岗位
教育培训	制订计划	制订并上报培训计划	1月	单位负责人
	开展教育培训	开展新员工岗位培训，法律法规、安全生产、规章制度、操作规程、专业技能、新技术、新知识等培训	按计划	技术负责人 泵站运行工
	培训效果评估	对培训效果进行评估、总结，形成培训台账资料	培训后	技术人员

九、档案管理任务

泵站管理单位应建立技术档案管理制度，按照有关规定建立完整的技术档案，及时整理归档各类技术资料，档案设施齐全、清洁、完好，积极开展星级档案管理测评工作。档案资料管理任务分为档案收集整理，档案归档，档案保管、借阅、销毁，档案室设施管理等。

技术档案管理任务清单示例如表 2-15 所示。

表 2-15　技术档案管理任务清单

任务名称	分项任务	工作内容	时间	责任岗位
技术档案管理	档案收集、整理	包括工程运行管理、维修养护、检查观测、技术图表等资料，音像资料同步收集、整理	同期收集、整理	技术人员
	档案归档	将当年的工程技术资料档案进行收集、整理、分类、装订编号、归档、保存	年底归档	
	档案保管、借阅、销毁、移送	按照档案管理制度要求进行	适时	
	设施管理	档案库房配备防盗、防光、防潮等设施，配备温湿度计、空调，做好库房内温湿度、借阅等记录	全年	
	电子化档案	电子化档案录入及管理	全年	

十、水政管理任务

管理单位应根据国家法律、法规、技术标准，开展水法规宣传，划定泵站工程管理范围、保护范围和安全警戒区，对泵站管理范围内水事活动进行监督检查，依法对涉水建设项目进行监督管理，维护正常的工程管理秩序。

水政管理任务清单示例如表 2-16 所示。

表 2-16　水政管理任务清单

任务名称	分项任务	工作内容	时间	责任岗位
水政管理	水法规宣传及培训	水法规宣传及培训，编制水法规宣传培训年度计划及工作总结	全年	单位负责人 水政监察员
	划界确权	对泵站管理范围进行划界确权，领取土地使用证，设置明显界桩	竣工验收前	单位负责人
	管理范围巡查	确定巡查路线、频次、内容，开展水政日常巡查，形成巡查记录、统计报表以及桩（牌）、安全警示牌等检查维护标记	全年	水政监察员
	涉水建设项目监管	做好涉水建设项目监督与管理，填写建设项目管理相关报表等	项目实施阶段	单位负责人 水政监察员
	违法行为查处	查处违法行为，形成处罚告知书、处罚决定书等资料	发生违法行为后	

十一、标志标牌管理任务

标志标牌包括设备管理、安全警示、管理范围、宣传公告等类别。管理单位应建立标志标牌管理体系，按照《水闸泵站标志标牌规范》进行标志标牌设计、制作、设置。标志标牌管理任务主要包括编制设置方案、制作安装、定期检查维护等。

标志标牌管理任务清单示例如表 2-17 所示。

表 2-17 标志标牌管理任务清单

任务名称	分项任务	工作内容	时间	责任岗位
标牌标识	编制设置方案	确定标牌标识内容、样式、数量、设置位置等	全年	技术人员
	制作安装	根据设置方案制作，安装在预定位置		
	维护更新	定期检查维护		

第三章 管理标准

标准是对重复性事物和概念所做的统一规定，是指导和衡量泵站工程管理的标尺，是保证管理目标任务执行到位的前提。建立完善的水利工程管理标准体系是实行精细化管理的必要条件，是克服管理随意性、粗放式、无序化的有效手段。

泵站工程管理标准要符合相关行业标准和管理规定，体现工程的特点，既要有衡量工程状态、管理结果的标准，也要有规范管理行为、管理过程的标准，要针对控制运用、工程检查、工程观测、维修养护、设备评级、安全生产、制度建设、档案管理、水政管理等工作，形成系统、统一、细化、量化的标准体系，以标准指导管理，以标准衡量管理，以标准规范管理，以标准化体现管理的严和细。同时，要根据管理条件变化及时进行修订完善，实现持续改进的目标。

一、控制运用标准

工程控制运用工作主要包括调度管理、运行操作、运行值班等。

调度管理工作标准如表 3-1 所示。

表 3-1　调度管理工作标准

序号	标准内容	
1	指令接受	管理单位应及时了解工程所在流域的水情、工情变化情况，严格执行上级主管部门工程控制运用调度指令
2		管理单位接到指令后，应立即组织执行，若因机电设备突发故障一时难以执行，应立即向上级主管部门进行汇报
3	确定方案	根据工程的控制运用标准和控制运用原则，确定开机台数、开机顺序、运行工况等，同时合理调度运用配套工程设施
4	指令执行	做好泵站与其他相关工程的联合运行调度；合理安排泵站机组的开机台数、顺序及其运行工况的调节（包括主水泵变角调节）；通过站内机组运行调度和工况调节，改善进、出水池流态，减少水力冲刷和水力损失；监测上、下游水位
5	指令回复	指令执行完毕后应及时回复上级主管部门以备案，并对工程运用调度指令接受、下达和执行情况认真记录，记录内容主要包括：发令人、受令人、指令内容、指令下达时间、指令执行时间及指令执行情况等

运行操作工作标准如表 3-2 所示。

表 3-2　运行操作工作标准

序号	标准内容	
1	运行准备	接到开机命令后，运行值班人员应及时就位，准备所需工具和记录纸等
2		现场检查应无影响运行的检修及试验工作，拆除不必要的遮拦设施，有关工作票应终结并全部收回
3		主水泵运行前应对进、出水池及上、下游引河进行检查；检查检修门应在开启位置；辅助设备工作正常；检查真空破坏阀、快速闸门、拍门等断流设施动作灵活可靠，动作信号反应准确
4		应测量定子和转子回路的绝缘电阻值，电动机定子回路绝缘电阻应符合规范要求，且吸收比不小于 1.3，转子绝缘电阻值≥0.5 MΩ；检查定子空气间隙内无异物、加热装置停止加热、励磁装置工作正常、通风机工作正常等；检查顶车装置与转子分离
5		长期停用、检修后电气设备、辅机设备投入运行前应进行全面详细的检查，电气设备应测量绝缘值并符合规定要求，辅机设备转动部分应盘动灵活，并进行试运行
6	设备操作	机电设备的操作应按规定的操作程序进行，严格执行操作票制度
7		运行操作应在上位机监控系统中进行，按上位机操作票的顺序进行操作；操作人员接到命令后，打开操作票界面，并根据现场和操作票的要求进行操作
8		电气闭锁回路只有在试验、检修时才可解除，在运行状态下禁止解除闭锁；禁止在电气开关机构操作箱进行合闸操作，紧急情况下可进行分闸操作
9		机电设备启动过程中应注意机电设备的声音、振动等情况
10		运行机组变动，需报上级主管部门备案
11		投运机组台数少于装机台数时，宜轮换开机

运行值班工作标准如表 3-3 所示。

表 3-3　运行值班工作标准

序号	标准内容	
1	人员配备与管理	值班人员数量和业务能力应满足安全运行要求，应熟练掌握设备操作规程和程序，具有事故应急处理能力及一般故障的排查能力；一般每班具有电力进网作业许可证的运行人员不少于 2 人
		严格遵守各项规章制度，不得擅自离开工作岗位，不得做与值班无关的事等
2	运行监视、巡查	运行值班人员应密切关注机组运行工况，监视各运行技术参数
3		运行人员值班期间，应按规定的巡视路线和项目对运行设备、备用设备进行认真的巡视检查，并摘录运行的主要参数
4		每班次对全部设备巡视检查应不少于 4 次；每 2 小时对进出水池、机电设备巡查 1 次，遇有特殊情况，应增加巡查次数

续表

序号	标准内容	
5	运行工况调整	运行值班人员应根据工程和机组配套的实际情况，密切注意水情的变化，根据水泵装置特征曲线，调整机组的运行状态尽可能实现最优经济运行
6		若水泵发生汽蚀和振动，应按改善水泵装置汽蚀性能和降低振幅的要求进行调整
7	交接班	值班人员应严格执行交接班制度，交接时应重点说明当前调度要求、本班设备操作情况、发生的故障及处理情况等
8		在交接班时交班人员必须详细介绍运行情况，值班长除了自己进行交接班外，尚须负责检查班内其他人员交接班的情况
9		在交接班中如发现设备有故障时，交接班人员应相互协作予以排除，在接班人员同意后才能交班
10	值班记录	运行值班人员应认真填写运行、交接班等记录

二、工程检查标准

泵站工程检查主要包括日常检查、定期检查和专项检查等。

日常检查工作标准如表 3-4 所示。

表 3-4　日常检查工作标准

序号	标准内容	
1	日常巡查	管理单位应每天对建筑物各部位、主机泵、电气设备、辅助设备、观测设施、通信设施，管理范围内的河道、堤防、护坡和水流形态等进行日常巡视检查
2		日常巡查应重点了解设备、设施是否完好；工程运行状态是否正常；管理范围内有无违章建筑和危害工程安全的活动；工程环境是否整洁；水体是否受到污染
3	经常检查	管理单位应对建筑物和设备进行经常性检查，检查频次、内容应符合相关规定要求；工程投入使用 5 年内，经常检查每周不应少于 2 次，以后每周一次
4		泵站运行期间，应按运行规定的巡视内容和要求对设备每 2 小时进行 1 次巡视检查
5	异常处置	当本工程处于运行状态或遭受不利因素影响时，对容易发生问题的部位应加强检查观察
6		发现异常情况，应及时采取措施进行处理或编制应急处置预案；若情况较为严重，及时向上级主管部门报告
7	检查记录	规范填写检查记录

定期检查工作标准如表 3-5 所示。

表 3-5　定期检查工作标准

序号	标准内容	
1	汛前检查	管理单位应成立度汛准备工作小组，制订度汛准备工作计划，明确具体的任务内容、时间要求，落实到具体部门、具体人员
2		对主、辅机，站变，高、低压电气设备，自动化系统，土石方及混凝土工程等进行全面检查
3		汛前检查可结合汛前保养工作同时进行，同时着重检查维修项目和度汛应急项目完成情况
4		对汛前检查中发现的问题应及时进行处理，对影响工程安全度汛而一时又无法在汛前解决的问题，应制定好应急抢险方案
5		全面修订防汛抗旱应急预案、反事故预案、现场应急处置预案，同时建立完善抢险队伍，有针对性地开展预案演练培训
6		完成规章制度修订完善和软件资料收集整理工作，检查增补防汛物资、备品备件等
7		对汛前检查情况及存在问题进行总结，提出初步处理措施，形成报告，并报上级主管部门
8		接受上级汛前专项检查，按要求整改提高，及时向上级主管部门反馈
9	汛后检查	着重检查工程和设备度汛后的变化和损坏情况，一般在 10 月底前完成
10		按期完成批准的维修养护、水毁或防汛急办项目计划
11		对检查中发现的问题应及时组织人员修复或作为下一年度的维修项目上报
12	水下检查	泵站水下检查一般每 2 年进行 1 次，主要检查进水池底板完好情况，拦污栅是否变形，拦污栅、检修门槽部位是否存在杂物卡阻
13	试验检测	高、低压电气设备应定期进行预防性试验，包括绝缘试验和特性试验，试验项目及标准参照《电气装置安装工程电气设备交接试验标准》(GB 50150—2006)、《继电保护和安全自动装置基本试验方法》(GB/T 7261—2016)、《电力设备预防性试验规程》(DL/T 596—2005)等
14		应定期对常用测量工具进行校验，对特种设备和防雷接地等进行专项检测，应委托具备资质的检测单位承担，并出具检测报告
15	成果资料	管理单位检查应规范填写定期检查记录，及时整理检查资料，编写汛前、汛后检查报告并按规定上报

专项检查工作标准如表 3-6 所示。

表 3-6　专项检查工作标准

序号	标准内容	
1	检查条件	当遭受地震、风暴潮、台风或其他自然灾害，泵站超标准运用，或发生重大工程事故时，应及时组织对工程进行专项检查

续表

序号	标准内容	
2	检查内容	专项检查内容应根据所遭受灾害或事故的特点来确定，着重检查建筑物、设备和设施的变化和损坏情况
3		专项检查应对重点部位进行专门检查、检测或安全鉴定
4	问题处理	对发现的问题应进行分析，制定修复方案和计划并上报
5	成果资料	专项检查应形成检查记录和报告，具体可参照定期检查表

三、工程评级标准

泵站工程评级主要包括水工建筑物评级和机电设备评级。

工程评级工作标准如表 3-7 所示。

表 3-7 工程评级工作标准

序号	标准内容	
1	评级范围	管理单位应在每年汛期前对泵站机电设备、建筑物工程进行全面评级，并将评级结果报上级主管部门
2		机电设备评级范围应包括主水泵、主电机、变频发电机、变频电动机、站用变压器、主要电气设备、辅助设备、计算机监控系统等设备
3		水工建筑物评级范围应包括泵站建筑物部分、进出水流道、进出水池、上下游翼墙、附属建筑物和设备、上下游引河、护坡等部分
4	单元划分	工程评级应按工程情况、功能划分评级单元、单项设备、单位工程，逐级进行评定
5	组织评定	评级应根据每年汛前、汛后检查情况，汛期运行情况及维修检修记录、观测资料、缺陷记载等情况进行，并按规定项目和内容详细填写并签字
6	问题处理	单项设备被评为三类设备的应及时整改，凡需报废的设备，应提出申请，按规定程序报批
7		单位工程被评为三类单位工程的，应向上级主管部门申请安全鉴定，并落实处置措施
8	成果认定	管理单位应编制评级报告，形成评级成果报上级主管部门认定

四、工程观测标准

管理单位应按照《水利工程观测规程》(DB 32/T 1713—2011)要求，监测工程运行和安全状况，掌握工程状态变化，及时发现异常现象，分析原因，为采取处置措施提供依据。

工程观测工作标准如表 3-8 所示。

表 3-8　工程观测工作标准

序号	标准内容	
1	观测任务及组织实施	管理单位应按照规范要求，结合本工程设计观测要求和工程运用中发现的主要问题，编制观测任务书，报上级主管部门批准
2		保持观测工作的系统性和连续性，按照规定的项目、测次和时间在现场进行观测，应做到随观测、随记录、随计算、随校核、无缺测、无漏测、无不符合精度、无违时，测次固定和时间固定，人员和设备宜固定；委托外单位测量的，其资质应满足相关要求
3	垂直位移	大型泵站垂直位移观测应符合二等测量要求，中型泵站垂直位移观测应符合三等测量要求
4		工程完工后 5 年内，应每季观测一次；以后每年汛前、汛后各观测一次；经资料分析工程垂直位移趋于稳定的可改为每年观测一次，但大型泵站应每年汛前、汛后各观测一次
5	扬压力	新建工程投入使用后，每月观测 15～30 次；运用 3 个月后，每月观测 4～6 次；运用 5 年以上，且工程垂直位移和地基渗透压力分布均无异常情况下，每月观测 2～3 次
6		当上下游水位差接近设计值、超标准运用或遇有影响工程安全的灾害时，应随时增加测次
7		位于感潮河段的泵站在大潮期应连续观测 38 h，每隔 1 h 观测 1 次；在潮位接近峰、谷时，观测时间间隔不应大于 15 min。新建工程投入使用后，每月观测 1 次。当找出管内水位与上下游水位关系后，每年至少观测 2 次
8		测压管管口高程按四等水准测量的要求每年校测 1 次。测压管灵敏度检查可 3～5 年进行 1 次
9	河道断面	在工程竣工后 5 年内，每年汛前、汛后各观测一次，以后可在汛前或汛后观测一次；遇工程接近设计流量运用、冲刷或淤积严重且未处理等情况，应增加测次
10		大断面每 5 年观测一次，地形发生显著变化后应及时观测
11		断面桩桩顶高程每 5 年考证一次，按四等水准测量的要求进行观测，如发现断面桩缺损，应及时补设并进行观测
12	施工期观测	工程施工期间的观测工作由施工单位负责，在交付管理单位管理后，由管理单位进行，双方应做好交接工作
13	资料整理与汇编	每次观测结束后，应及时对记录资料进行计算和整理，并对观测成果进行初步分析，如发现观测精度不符合要求，应重测；如发现数据异常，应立即进行复测并分析原因。大型泵站每年 6 月底和 12 月底向省水利厅报送相关测量成果
14		管理单位应在年底完成本年度的资料整编工作，编写观测分析报告并报上级主管部门审查

五、养护维修标准

泵站工程养护维修应坚持“经常养护、及时维修、养修并重”，对检查发现的缺陷和问题，应及时进行养护维修。工程养护一般可结合汛前、汛后检查定期进行，设备清洁、润滑、调整等应视使用情况经常进行。工程养护维修应以恢复原设计标准或局部改善工程原有结构为原则，根据检查和观测成果，结合工程特点、运用条件、技术水平、设备材料和经费承受能力等因素制定维修方案。

工程设施主要包括水工建筑物，进、出水池，引河、堤防设施及其他建筑物，观测设施及水文设施、机电设备、管理及配套设施等，养护维修标准制定主要参考《泵站技术管理规程》(GB/T 30948—2014)、《泵站设计规范》(GB 50265—2010)、《大中型泵站主机组检修技术规程》(DB32/T 1005—2006)、《泵站运行规程》(DB32/T 1360—2009)、《泵站设备安装及验收规范》(SL 317—2015)、《水工金属结构防腐蚀规范》(SL 105—2007)和《江苏省泵站技术管理办法》等。

(一) 项目管理标准

项目管理主要包括项目计划编制、申报，维修养护项目实施、验收和总结等工作。

项目管理工作标准如表 3-9 所示。

表 3-9 项目管理工作标准

序号	标准内容	
1	计划编报	工程养护维修计划应根据相关定额进行编制，每年 10 月底前编制完成养护维修计划并上报
2		工程养护维修计划经批准后，应及时组织实施，凡影响安全度汛的项目应在汛前完成；需跨年度实施的项目，应上报批准
3	实施准备	工程养护维修项目实行项目负责人制度，根据批准的计划，认真编制施工方案
4		应按照招投标或集中采购的有关规定，选择具有施工资质和能力的维修施工队伍，并加强项目管理
5	项目实施	项目实施过程中应随时跟踪项目进展，建立施工管理日志，用文字及图像记录工程施工过程发生的事件和形成的各种数据
6		如实反映主要材料、机械、用工及经费等的使用情况，做到专款专用，并及时填写项目实施情况记录表
7		汛期或工程运行期间实施的项目应向上级防汛主管部门备案
8	项目验收	维修项目验收，视具体情况，分为材料及设备验收、工序验收、隐蔽工程验收、阶段验收；项目完工进行项目竣工验收。由几个分项目组成的维修项目除项目竣工验收外，还应按分项目分别进行单项验收
9		材料及设备验收应具备材料各项检验资料、设备合格证、产品说明及图纸等随机资料
10		工序验收、工程隐蔽部分验收、阶段验收，应在该工序或隐蔽部分施工结束时进行。分部验收应具备相应的施工资料，包括质量检验数据、施工记载、图纸、试验资料、照片等
11		分项单项验收时应具备相应的维修实施情况记录、质量检查验收记录、施工过程照片，材料设备、工序、工程隐蔽部分或阶段验收资料，以及试运行的资料
12		工程竣工验收应具备相应的技术资料，竣工总结及图纸、照片，项目决算及内部审计报告等资料
13	项目管理卡	工程养护维修项目实行项目管理卡制度，分别建立工程养护、维修项目管理卡
14	绩效评价	对预算到位情况、数量指标、质量指标、时效指标、成本指标、经济效益指标、社会效益指标、生态效益指标、服务对象满意指标等进行自评价，填写绩效目标自评表

（二）水工建筑物养护维修标准

水工建筑物主要包括站身建筑物、进出水池及引河、堤防及其他建筑物、观测设施及水文设施等。

1. 站身建筑物

站身建筑物养护维修标准如表 3-10 所示。

表 3-10　站身建筑物养护维修标准

序号	标准内容	
1	金属构件	建筑物上各种金属构件（镀锌者除外）应定期检查维护，一般每 5 年油漆 1 次；受腐蚀性气体侵蚀严重和漆层容易剥落的地方，应增加油漆次数
2	进出水流道	进、出水流道过流壁面应光滑平整，定期清除附着在壁面上的水生物和沉积物
3		定期对泵站的进、出水流道进行检查维护；钢筋混凝土管道管壁无裂缝、渗漏，表面混凝土无剥落、钢筋无外露；伸缩缝正常，无渗漏水；金属管道管壁外部及钢支承构件无锈蚀、内壁无铁细菌侵蚀，并定期进行冲洗和涂刷防腐漆等；冬季非运行时应防止管道内存水发生冰冻
4		管道支承、镇墩及基础无不均匀沉陷、位移或裂缝等问题
5	建筑物	泵站建筑物产生不均匀沉陷或稳定受到影响时应及时采取补救措施；在检查观测中发现的建筑物裂缝、渗漏，表面混凝土剥落、钢筋外露等现象应及时处理
6	日常管护	水工建筑物的各种接缝、键槽等，应定期检查，如发现填料不足或损坏时，应及时补充或修复
7		未经计算和审核批准，禁止在建筑结构上开孔、增加荷重或进行其他改造工作
8		运行时应检查观测旋转机械或水力引起的结构振动，严禁在共振状态下运行
9		应防止过大的冲击荷载直接作用于泵房建筑物

2. 进、出水池及引河

进、出水池及引河养护维修标准如表 3-11 所示。

表 3-11　进、出水池及引河养护维修标准

序号	标准内容	
1	护底护坡	上、下游衬砌河道的护底和护坡平顺整洁，砌块完好、砌缝紧密，无勾缝脱落、松动、塌陷、隆起、底部淘空和垫层流失现象
2		石料无风化，砌石护坡无砌块松动、塌陷、隆起、滑坡、被风浪与水流冲翻以及人为破坏等现象，浆砌块石无裂缝、脱缝、倾斜、鼓肚、滑动，排水设施正常有效等
3		混凝土工程无磨损、风化、冻蚀、剥落、渗漏、气蚀、裂缝、碳化及其他损坏等现象。伸缩缝止水无损坏、漏水，填充物无流失
4	排水设施	河道两侧大堤顶面平整，排水良好，无塌陷、裂缝
5		无雨淋沟、浪窝、裂缝、塌陷、滑坡、异常渗漏、兽洞、蚁穴等，排水系统应畅通有效

续表

序号	标准内容	
6	进、出水池	泵站进、出水池，引河的边坡和护堤应防止牲畜、鼠蚁类等动物的破坏；在检查中如发现有上述破坏现象，应即进行处理与修复
7		泵站进水池前的杂草杂物应及时清除；各进水口的拦污栅应及时清理；泵站排涝运行时清污机应及时投入运转并能正常工作
8		泵站进、出水池，引河的边坡上或坡顶上的沙土、冲积物和堆积物应及时清除，以免坍入水中，并应防止石块滚入水中
9	安全设施	进、出水池周边宜设置防止行人、地面杂物和牲畜落入池内的防护栅墙；泵站运行期间严禁非工作人员在进、出水池内活动
10		泵站在冬季运行时应关注进、出水池的结冰情况

3．堤防设施及其他建筑物

堤防设施及其他建筑物养护维修标准如表 3-12 所示。

表 3-12　堤防设施及其他建筑物养护维修标准

序号	标准内容	
1	堤岸	泵站建筑物与堤防结合完好，无开裂和绕渗破坏
2		泵站上、下游河道，护坡上无杂草、杂树，浆砌块石坡面平顺规整，无隆起、塌陷、裂缝，块石间浆液饱满、密实
3		泵站上、下游堤岸一、二级挡土墙无裂缝、外倾和块石松动现象；墙体沉陷缝的填料饱满，墙体栏杆牢固可靠
4	绿化环境	泵站上、下游堤岸顶地面上的植被要满足水土保持的要求，同时防止杂草滋长，力求美观；保持排水顺畅，防止产生雨淋沟
5		泵站上、下游河道的坡面及堤顶地面无垃圾

4．观测设施及水文设施

观测设施及水文设施养护维修标准如表 3-13 所示。

表 3-13　观测设施及水文设施养护维修标准

序号	标准内容	
1	观测基点	水平、垂直位移等观测基点表面清洁，无锈斑、缺损；基底混凝土无损坏现象；观测基点有必要的保护设施，保护盖开启方便
2		沉陷点、测压管、伸缩缝等能够正常观测使用；各观测设施的标志完好，外观整洁、美观
3	观测仪器	主要观测仪器、设备完好，并按规定进行检测
4	测压管	测压管淤积情况应不影响观测，管内无碎石、混凝土及其他材料堵塞
5	水尺	水尺安装牢固，表面清洁，标尺数字清晰，无损坏
6	断面桩	断面桩埋设牢固、编号准确、标志明显

（三）机电设备

泵站机电设备主要包括电机、水泵、电气设备、辅机设备、金属结构、自动化监控设备等。

1. 主电机

泵站主电机主要分为同步电动机和异步电动机，对于不同类型的主电动机，应根据实际情况制定设备养护维修标准。

同步电动机养护维修标准如表 3-14 所示。

表 3-14 同步电动机养护维修标准

序号	标准内容	
1	标志外观	每台电机必须在机体的明显位置牢固地装有标明电机额定参数及其必要事项的铭牌，应保证在电机的整个使用周期内铭牌字迹清楚
2		电机表面应清洁，无锈蚀、油污、积尘
3	润滑油	上下油缸油位、油色应正常，油位显示器清晰透明，油位标志清楚、准确
4		电动机运行时上下油缸油温应在 15～60℃范围内
5	滑环碳刷	碳刷与滑环接触良好，碳刷长度不宜过短，压力保持在 0.15～0.25 MPa，滑环表面光滑，无麻点、蚀坑等现象
6		碳刷与滑环的接触面积应大于单个碳刷截面面积的 75%，碳刷与刷握配合合适，碳刷伸缩灵活，无裂纹、缺损等现象
7		刷握、刷架、滑环应保持清洁，刷握、刷架无积垢，滑环表面光洁，无油迹、积尘等
8	轴承	轴承的允许最高温度不应超过制造厂的规定值，巴氏合金轴承规定值为 70℃，弹性金属塑料瓦为 65℃
9	电机绝缘	保持电机周围环境干燥、清洁，非运行期有风门的电机应关闭电机风门，大风、阴雨天气应关好厂房门窗，汛期湿度过大时应利用干燥设备对电机进行干燥，保证定子用 2 500 V 摇表测量绝缘值应大于 1 MΩ/kV，转子用 500 V 摇表测量绝缘值应大于 0.5 MΩ
10	互感器	电机进线、末端电流互感器、避雷器等应清洁，进出线端连接部位接触良好，无发热现象，附属设备表面完好，无缺陷

异步电动机养护维修标准如表 3-15 所示。

表 3-15 异步电机养护维修标准

序号	标准内容	
1	标志外观	每台电机必须在机体的明显位置牢固地装有标明电机额定参数及其必要事项的铭牌，应保证在电机的整个使用周期内铭牌字迹清楚
2		电机表面应清洁，无锈蚀、油污、积尘
3	电机绝缘	电机绝缘及吸收比符合规范要求
4	互感器	电机进线、末端电流互感器、避雷器等应清洁，进出线端连接部位接触良好，无发热现象，附属设备表面完好，无缺陷

续表

序号	标准内容	
5	电机基础	电动机基础稳定,零配件齐全,外壳保护接地良好
6	风道	电动机风道通畅,冷却器性能良好,冷却风机运行正常
7	轴承	电机轴承完好,轴承座油量、油位满足使用要求,润滑良好

2. 主水泵

根据工作原理,水泵一般分为轴流泵、离心泵和混流泵。对于不同类型的主水泵,应根据实际情况制定设备养护维修标准。

轴流泵养护维修标准如表 3-16 所示。

表 3-16 轴流泵养护维修标准

序号	标准内容	
1	标志外观	每台水泵必须在泵体的明显位置牢固地装有标明水泵额定参数及其必要事项的铭牌,应保证在水泵的整个使用周期内铭牌字迹清楚
2		表面应清洁,无锈蚀、油污、积尘。油润滑轴承的水泵水导油位、油色应正常,油杯清晰透明,油位显示器清楚、准确
3	填料	填料函处漏水情况正常,无偏磨、过热现象,温度不超过 50℃;技术供水水压一般在 0.16～0.20 MPa,示流信号正常
4	叶片调节装置	叶片角度指示准确,叶片角度指示值与水泵叶片实际角度应保持一致
5		叶片调节机构动作灵活,无卡阻、抖动现象,上、下限位动作正常;液压调节机构受油器密封良好,无渗油、甩油现象;机械调节机构齿轮啮合良好,润滑正常,调节时无异常响声
6	联轴器	水泵联轴器连接牢固,螺栓锁片无变形、脱落,泵盖内无杂物、积水
7	轴承	水泵水导轴承间隙符合要求,轴承、轴径无明显磨损;稀油润滑筒式轴承密封良好,排水正常
8	泵管、人孔等	固定部分、转动部分、冷却水进水管、回水管等涂色应符合标准,水泵防护设施齐全,辅助管道有序,电气线路排列整齐,防护良好
9		水泵环管畅通、无淤积,自吸泵运转良好,无异常
10		保持水泵周围环境干燥、清洁,水泵积水坑应保持排水畅通,无杂物、积水
11		检修人孔密封良好,人孔盖周围无窨潮、锈斑
12	量测装置	测温、振动测量、摆度测量等系统正常,仪表温度显示准确,符合实际情况

离心泵养护维修标准如表 3-17 所示。

表 3-17 离心泵养护维修标准

序号	标准内容	
1	标志外观	每台水泵必须在泵体的明显位置牢固地装有标明水泵额定参数及其必要事项的铭牌,应保证在水泵的整个使用周期内铭牌字迹清楚
2		表面应清洁,无锈蚀、油污、积尘

续表

序号	标准内容	
3	填料	填料函处漏水情况正常，无偏磨、过热现象，温度不超过 50℃；技术供水水压一般在 0.16～0.20 MPa，示流信号正常
4	轴承	水泵轴承完好，清水润滑轴承密封良好，冷却水压力正常
5	联轴器、泵管等	机组各连接部位应紧固无松动，泵和电机的联轴器连接牢靠完整；转动部分应有防护罩保护
6		泵进出口等管口应密封，保护物和堵盖应完好，且对应的法兰、垫片及密封件应完好
7		固定部分、转动部分、冷却水进水管、回水管等涂色应符合标准，水泵防护设施齐全，辅助管道有序，电气线路排列整齐，防护良好
8	量测装置	测温、振动测量、摆度测量等系统正常，仪表温度显示准确，符合实际情况

混流泵养护维修标准如表 3-18 所示。

表 3-18　混流泵养护维修标准

序号	标准内容	
1	标志外观	每台水泵必须在泵体的明显位置牢固地装有标明水泵额定参数及其必要事项的铭牌，应保证在水泵的整个使用周期内铭牌字迹清楚
		表面应清洁，无锈蚀、油污、积尘
2	轴承及密封	蜗壳式混流泵泵盖、泵体和进水管密封良好，泵盖平面与叶轮平面之间间隙符合规范要求
3		水泵轴封装置完好，填料函处漏水情况正常
4		轴承润滑油油位、油量满足使用要求，无渗漏
5	引水装置	泵体上端用于加灌引水或连接真空泵抽气引水的螺孔完好
6	联轴器	机组各连接部位应紧固无松动，泵和电机的联轴器连接牢靠完整；转动部分应有防护罩保护
7	管道等	电气线路排列整齐，防护良好，辅助管道涂色应符合标准

3. 齿轮箱

齿轮箱养护维修标准如表 3-19 所示。

表 3-19　齿轮箱养护维修标准

序号	标准内容	
1	标志外观	每台齿轮箱必须在设备本体的明显位置牢固地装有标明额定参数及其必要事项的铭牌，应保证在设备的整个使用周期内铭牌字迹清楚
2		齿轮箱表面应清洁，无锈蚀、油污、积尘
3	油箱	法兰、端盖、油窗、放油孔无漏油、渗油现象
4		内腔润滑油脂颜色纯正，无杂物及污物

续表

序号	标准内容	
5	传动部件	传动机件外观洁净，啮合、运动部位无杂物，润滑良好
6	管道等	电气线路排列整齐，防护良好，辅助管道涂色应符合标准

4. 高低压电气设备

高低压电气设备主要包括 GIS 组合开关，油浸式变压器，高压变频器，干式变压器，高压开关柜，低压开关柜、开关箱，励磁装置，保护装置，直流装置、UPS 装置，电缆及其附件，照明装置等。

(1) GIS 组合开关

GIS 组合开关养护维修标准如表 3-20 所示。

表 3-20　GIS 组合开关养护维修标准

序号	标准内容	
1	通风设施	GIS 室内应干净、整洁，通风设施良好
2		GIS 室内应安装空气含氧量或 SF6 气体浓度自动检测报警装置，并定期进行校验。GIS 室内空气中氧气应大于 18%或 SF6 气体的浓度不应超过 1 000 μL/L(或 6 g/m³)
3	标志外观	GIS 组合开关表面干净、整洁，防护层完好，无脱落、锈迹等现象
4		GIS 组合开关间隔标志明显，间隔名称明确，铭牌完好、清楚；接线桩头牢固，无松动、发热现象
5	开关装置等	开关位置指示器指示正确，操作计数器的记录情况正常，无异常的噪音或气味，支撑件无锈蚀，螺栓、螺母无松动等
6		压力表盘面干净、清晰，压力指示正常
7		GIS 本体及各间隔之间的接地连接可靠，接地标志明显
8		各开关拐臂、连杆机构润滑良好，无卡滞，动作灵活准确，闭锁可靠；汇控柜内清洁、元器件完好，具体按开关柜要求管理
9	安全设施	GIS 室内警告、提醒等标志齐全、明显
10		GIS 室一般应配备以下设施：专用消防器材，如二氧化碳灭火器等；SF6 环境监测仪；防毒面具、防护服、橡胶手套等防护工具

(2) 油浸式变压器

油浸式变压器养护维修标准如表 3-21 所示。

表 3-21　油浸式变压器养护维修标准

序号	标准内容	
1	标志外观	主变压器外观应干净，无油迹、积尘、锈迹等，保护层完好、无脱落；变压器室干净整洁，采光、通风良好；消防设施齐全完好，通风设备完好，贮油池和排油设施应保持良好状态
2		变压器铭牌应固定在器身明显可见的位置，铭牌上所标示的参数应清晰且持久
3		变压器表面线路、管道应排列整齐，可靠固定，端子箱整洁、无积尘，内部接线整齐、牢固

续表

序号	标准内容	
4	套管、继电器等	变压器进出线套管、防爆管应完好无裂纹；桩头示温片齐全、标志清楚完好，无发热现象；高压套管油色、油位正常；呼吸器通畅，干燥剂未变色
5		压力释放阀正常，阀内无异物，密封圈无变形、老化、损坏，信号开关动作灵活可靠，开启、关闭动作灵敏，无卡阻
6		变压器油位计、温度计盘面干净、清晰，指示正确；气体继电器窗口干净、清晰，非运行状态下宜将窗口关闭
7	接地	变压器铁芯接地、外壳接地应牢固可靠，标志明显，钟罩与箱底之间应有可靠的金属连接，并明确标示
8		变压器运行时，变压器外壳应无异常发热；必要时应测量铁芯和夹件的接地电流
9	油箱、放油阀等	变压器在运行中滤油、补油或更换净油器的吸附剂时，应将重瓦斯保护改接信号；补油时不应从下部补油
10		变压器运行期间，变压器的油温和温度计应正常，储油柜的油位应与温度相对应，各部分无渗油、漏油现象，变压器声响正常
11		变压器放油阀、取油阀关闭严密，无渗油；油箱完好、散热器规则无变形
12		变压器应能方便查看储油柜和套管油位、顶层油温、气体继电器，并能安全取气样等

(3) 高压变频器

高压变频器养护维修标准如表 3-22 所示。

表 3-22　高压变频器养护维修标准

序号	标准内容	
1	标志外观	相关标志清晰完整，变频器柜内及各电路元件无异味，电路元件（电容器、电阻、电抗器、功率元件等）无变色、变形、漏液现象
2	电气元件	电抗器、变压器、水冷器、冷却风扇等设备运行正常，无异常声音，无振动，温度在规定范围之内
3	控制回路	运行中主电路电压和控制电路电压正常，现地显示屏无报警，转速、电流、电压等运行参数显示正常
4	空气滤清器	空气滤清器无脏污情况
5	电气线路	电气线路排列整齐，防护良好
6	工作环境	设备存放环境应无灰尘、水滴，无腐蚀性气体，湿度不超过 80%，温度应在 0～40℃之间
7		设备内部应放置吸水干燥材料
8		雨季外部环境湿度较大时宜每星期检查 1 次设备环境湿度，湿度超过 80%时应进行除湿
9		每 3 个月或湿度超过 80%时每 1 个月应进行 1 次通电检查

(4) 干式变压器

干式变压器养护维修标准如表 3-23 所示。

表 3-23 干式变压器养护维修标准

序号	标准内容	
1	标志外观	变压器的铭牌固定在明显可见的位置，内容清晰，高低压侧相序标识清晰正确，电缆及引出母线无变形，接线桩头连接紧固，示温片齐全，外壳及中性点接地线完好
2		变压器本体及各部件清洁、无杂物、无积尘，绝缘树脂完好，各连接件紧固无锈蚀，套管无破损及放电痕迹
3	干燥、负载等	干式变压器在停运期间，应防止绝缘受潮
4		变压器中性线最大允许电流不应超过额定电流的 25%，超过规定值时应重新分配负荷
5		变压器运行期间，变压器的声响应正常；冷却风机运行应正常；电缆和母线无异常情况，外壳接地应良好；温度巡检仪显示各点温度应正常
6	照明、测温等	变压器运行时防护门必须锁好，通过观察窗能看清变压器运行状况，柜内检查用照明正常，电缆及母线出线必须封堵完好
7		测温仪准确反映变压器温度，显示正常，变压器温度不超过设定值
8	冷却风机	柜内风机运转正常，表面清洁，可以现场手动开启，也可以根据温度参数设定值自动开启
9	电气试验	定期进行电气试验，检测数值在允许范围内
10	分接开关	合理调整分接开关动触头位置，保证输出电压符合要求
11	环境要求	变压器室干净整洁，通风良好，消防器材齐备

(5) 高压开关柜

高压开关柜养护维修标准如表 3-24 所示。

表 3-24 高压开关柜养护维修标准

序号	标准内容	
1	标志外观	高压开关柜铭牌完整、清晰，柜前柜后均有柜名；开关按主接线中规定编号；开关柜控制部分按钮、开关(包括低压开关)、指示灯等均有名称标识；电缆有电缆标牌
2		高压开关柜内安装的高压电器组件，如断路器、接触器、隔离开关及其操动机构、互感器、高压熔断器、套管等均应具有耐久而清晰的铭牌；各组件的铭牌应便于识别，若装有可移开部件，在移开位置能看清亦可
3		高压开关柜柜体完整、无变形，外观整洁、干净，无积尘，防护层完好、无脱落、无锈迹，盘面仪表、仪器、指示灯、按钮以及开关等完好，仪表显示准确、指示灯显示正常

续表

序号	标准内容	
4	“五防”要求	分、合高压断路器应通过远方控制方式进行操作，长期停运的高压断路器在正式执行操作前应通过远方控制方式进行试操作 2～3 次
5		高压断路器操作的交、直流电源电压、液压操作机构的压力应在规定范围内，合闸线圈在 80%和 110%额定电压下顺利合闸，储能分励脱扣器在 65%和 120%额定电压下顺利分闸
6		高压开关柜应具备防止误分、合断路器，防止带负荷分、合隔离开关或隔离插头，防止接地开关合上时(或带接地线)送电，防止带电合接地开关(或挂接地线)，防止误入带电间隔等“五防”措施，“五防”功能完好
7	一次接线桩头等	高压开关柜柜内接线整齐，分色清楚，二次接线端子牢固，端子标志清楚，文字清晰；柜内清洁无杂物、积尘；一次接线桩头坚固，桩头示温片齐全，无发热现象；动静触头之间接触紧密、灵活、无发热现象；电缆室与电缆沟之间封堵良好
8		观察窗位置应便于观察者观察必须监视的组件及其关键部位的任意工作位置，观察窗表面应干净、透明
9	接地	高压开关柜接地导体应设有与接地网相连的固定连接端子，并有明显的接地标志；高压开关柜的金属骨架及其安装于柜内的高压电器组件的金属支架应有符合技术条件的接地，且与专门的接地导体连接牢固
10	断路器	高压开关柜内的断路器、接触器及其操动机构必须牢固地安装在支架上，支架不得因操作力的影响而变形；断路器、接触器的位置指示装置应明显，并能正确指示出它的分、合闸状态
11	机械传动装置等	高压开关柜手车进、出灵活，柜内开关动作灵活、可靠，储能装置稳定，继电保护设备灵敏、准确，柜内干净，无积尘
12		柜内干净，无积尘，定期或不定期检查柜内机械传动装置，并对机械转动部分加油保养，确保机械传动装置灵活
13	高压熔断器等	因 FSR 载流桥体、高压限流熔断器及控制部件技术要求高，应保持柜内干燥，控制热源及易燃易爆物品接触桥体，定期对桥体进行检查试验，一般每 5 年进行 1 次，或按实际情况而定，到使用期限应及时进行更换
14	绝缘子等	母线、绝缘子、电流互感器及脉冲变压器等元器件定期清扫检查，紧固螺丝无松动，导电接触面无过热现象，测控柜的指示灯显示正确，测控柜性能良好，信号显示准确

(6) 低压开关柜

低压开关柜养护维修标准如表 3-25 所示。

表 3-25 低压开关柜养护维修标准

序号	标准内容	
1	标志外观	低压开关柜铭牌完整、清晰，柜前柜后均有柜名，抽屉或柜内开关上应准确标示出供电用途
2		低压开关柜外观整洁、干净、无积尘，防护层完好、无脱落、无锈迹，盘面仪表、指示灯、按钮以及开关等完好，仪表显示准确、指示灯显示正常
3		开关柜整体完好，构架无变形，固定可靠

续表

序号	标准内容	
4	柜内元器件	低压开关柜柜内接线整齐，分色清楚，二次接线端子牢固，端子编号清楚，电缆标牌齐全，标志清楚，柜内清洁无杂物、积尘
5		柜内导体连接牢固，导体之间连接处示温片齐全，无发热现象；开关柜与电缆沟之间封堵良好
6		低压开关柜的金属构架、柜门及其安装于柜内的电器组件的金属支架与接地导体连接牢固，门体与开关柜用多股软铜线进行可靠连接，并有明显的接地标志；低压开关柜之间的专用接地导体均应相互连接，并与接地端子连接牢固
7		低压开关柜手车、抽屉进出灵活，闭锁稳定、可靠，柜内设备完好
8		开关柜门锁齐全完好，运行时柜门应处于关闭状态，重要开关设备电源或容易被触及的开关柜应处于锁定状态
9	熔断器	柜内熔断器的选用、热继电器及智能开关保护整定值符合设计要求，漏电断路器应定期检测，确保动作可靠
10	开关箱	操作箱、照明箱、动力配电箱的安装高度应符合规范要求，并做等电位连接，进出电缆应穿管或暗敷，外观美观整齐
11		设置在露天的开关箱应防雨、防潮，主令控制器及限位装置保持定位准确可靠，触头无烧毛现象；各种开关、继电保护装置保持干净，触点良好，接头牢固

（7）励磁装置

励磁装置养护维修标准如表 3-26 所示。

表 3-26 励磁装置养护维修标准

序号	标准内容	
1	标志外观	励磁柜铭牌完整、清晰，柜前柜后均有柜名
2		励磁装置停运期间，应防止设备受潮
3		励磁柜外观整洁、干净、无积尘，防护层完好、无脱落、无锈迹，盘面仪表、指示灯、按钮以及开关等完好，仪表显示准确、指示灯显示正常；触摸屏画面清楚，触摸灵敏；开关柜整体完好，构架无变形
4	柜内元器件	励磁柜柜内接线整齐，分色清楚，二次接线排列整齐，端子接线牢固；一次接线桩头紧固，相序清楚，标志明显，桩头示温片齐全，无发热现象；开关柜与电缆沟之间封堵良好
5		柜内元器件清洁、无积尘；空气开关主副触头接触良好，操作灵活；接触器通断可靠；灭磁电阻连接良好，无过热现象；主回路元器件完好，无发热损坏现象；散热器完好，散热片无变形；控制单元稳定可靠
6	灭磁装置	同步电动机异步起动时，如过早投励或起动完毕后不投励，励磁系统应能自动跳闸停机；同步电动机产生失步时，励磁系统应能立即切断直流输出电压，并使同步电动机连锁停机
7		励磁系统应有灭磁装置，灭磁装置接线完好，无过热、损坏现象，并保证能可靠地灭磁

续表

序号	标准内容	
8	励磁变压器	励磁变压器内外清洁，无积尘，铁芯无锈迹，线圈无过热现象，绝缘电阻符合正常要求；风机运行良好，无异常声音；温度指示准确
9	接地	励磁柜的金属构架、柜门及其安装于柜内的电器组件的金属支架应与专门的接地导体连接牢固，并有明显的接地标志

(8) 保护装置

保护装置养护维修标准如表 3-27 所示。

表 3-27　保护装置养护维修标准

序号	标准内容	
1	标志外观	保护柜铭牌完整、清晰，柜前柜后均有柜名
2		保护柜外观整洁、干净、无积尘，防护层完好、无脱落、无锈迹；柜面各保护单元屏面清楚，显示准确，按钮可靠；柜体完好，构架无变形
3		柜内接线整齐，分色清楚，二次接线排列整齐，端子接线牢固，无杂物、积尘；保护柜与电缆沟之间封堵良好，防止小动物进入柜内
4	运行环境	微机保护装置非运行期间不宜停电
5		运行中，微机保护和自动装置不能任意投入、退出和变更定值
6		微机保护装置室内最大相对湿度不应超过 75%，环境温度应在 5～30℃范围内，超出允许范围应投运空调设施
7	接地	保护柜应有良好可靠的接地，接地电阻应符合设计规定；电子仪器测量端子与电源侧应绝缘良好，仪器外壳应与保护柜在同一点接地；测量绝缘电阻时，应拔出装有集成电路芯片的插件(光耦及电源插件除外)
8	检查维护	定期检查盘柜上各元件标志、名称是否齐全；检查转换开关、各种按钮、动作是否灵活，接点接触有无压力和烧伤；检查各盘柜上表计、继电器及接线端子螺钉有无松动；检查电压互感器、电流互感器二次引线端子是否完好，配线是否整齐，固定卡子有无脱落；检查空气开关分合是否正常
9		日常检查维护中，不宜用电烙铁，如必须用电烙铁，应使用专用电烙铁，并将电烙铁壳体与保护柜在同一点接地
10		拔芯片应用专用起拔器，插入芯片应注意芯片插入方向，插入芯片后应经第二人检验无误后，方可通电检验或使用

(9) 直流装置

直流装置养护维修标准如表 3-28 所示。

表 3-28　直流装置养护维修标准

序号	标准内容	
1	标志外观	盘柜铭牌完整、清晰，名称编号准确，电池屏及周围环境通风良好，周围环境无严重尘土，无易爆危险介质，无腐蚀金属或易损坏绝缘的有害气体、导电微粒和严重霉菌，安装蓄电池的室内严禁明火
2		直流屏、UPS 柜外观整洁、干净、无积尘，防护层完好、无脱落、无锈迹；柜面仪表盘面清楚，显示准确，开关、按钮可靠；柜体完好，构架无变形

续表

序号	标准内容	
3	标志外观	直流屏、UPS 柜内一次接线整齐，分色清楚，二次接线排列整齐，端子接线牢固，无杂物、积尘；电池屏电池摆放整齐，接线规则有序，电池编号清楚，无发热、膨胀现象；屏柜与电缆沟之间封堵良好，防止小动物进入柜内
4	运行环境	直流装置交流电源在正常工作状态下，不得长时间停交流电
5		蓄电池运行环境温度应在 5～35℃，并保持良好的通风和照明，当环境温度长时间过高时，应采取降温措施
6	蓄电池保养	蓄电池每年按制造厂规定要求应进行容量核对性充放电，在放电过程中，应严密监视电池电压。若放充电 3 次蓄电池组均达不到额定容量的 80%，可判此组蓄电池使用年限已至，应进行更换
7		高频整流充电模块工作正常、切换灵活；触摸屏微机监控单元显示清晰、触摸灵敏；绝缘监控装置稳定准确；电池巡检单元、电压调整装置、交直流配电稳定可靠
8		直流系统能可靠进行数据监测及运行管理，进行单体电池监测、电池容量测试、故障告警记录等；系统所有的信息均通过通信接口实现遥信、遥测、遥控等功能
9		系统应能根据蓄电池状态自动选择充电模式，进行均充电、浮充电及模式的切换，使系统一直处于最佳工作状态
10	接地	屏柜的金属构架、柜门及其安装于柜内的电器组件的金属支架应有符合技术条件的接地，且与专门的接地导体牢固连接，并应有明显的接地标志
11	注意事项	更换电池以前须关闭充电模块或 UPS 并脱离市电，操作人员需摘下戒指、手表之类的金属物品，使用带绝缘手柄的螺丝刀，不应将工具或其他金属物品放在电池上，以免引起短路，不应将电池正负极短接或反接

(10) 电缆及其附件

电缆及附件养护维修标准如表 3-29 所示。

表 3-29　电缆及附件养护维修标准

序号	标准内容	
1	标志外观	电缆应排列整齐、固定可靠；电缆标牌应注明电缆线路的走向、编号、型号等
2		电缆外观应无损伤、绝缘良好
3		电力电缆室内外终端头分支要有与母线一致的黄、绿、红三色相序标志。电缆的终端接头接地线必须良好，无松动断裂现象，电缆终端接地线不得作为电源中性线使用
4		电缆沟、井及配电室的出入口电缆需要有明显的标志
5		直埋电缆线路在拐弯点、中间接头等处需埋设标示桩或标志牌，室外露出地面的电缆的保护钢管或角钢不应锈蚀、位移或脱落，标示桩应完好无损
6	直埋电缆	直埋电缆线路附近地面应无挖掘痕迹；电缆沿线不应堆放重物、腐蚀性物品及临时建筑

续表

序号	标准内容	
7	沟道电缆	沟道内电缆支架牢固，无锈蚀，沟道内无积水；电缆标示牌应完整并注明电缆线路的走向、编号、型号等
8	穿墙套管	引入室内的电缆穿墙套管、预留的管洞应封堵严密
9	运行温度	电缆的运行实际负荷电流不应超过电缆允许的最大负荷电流。聚氯乙烯绝缘电力电缆导体工作温度≤70℃，表面温度一般≤55℃；交联聚乙烯绝缘电力电缆导体工作温度≤90℃，表面温度一般≤70℃
10		电缆应无过热情况，电缆套管应清洁、无裂纹和放电痕迹
11	电缆头	电缆头接地线接地良好，无松动断股、脱落现象，动力电缆头应固定可靠，终端头要有与母线一致的黄、绿、红三色相序标志

(11) 照明设备

照明设备养护维修标准如表 3-30 所示。

表 3-30　照明设备养护维修标准

序号	标准内容	
1	设置部位	主厂房、副厂房、主变室、高低压开关室、控制室、各通道、楼梯踏步、进出水口以及其他设备间等处均应布置足够亮度的照明设施
2	敷设、防腐等	室外高杆路灯、庭院灯、泛光灯等固定可靠，连接螺栓无锈蚀；灯具强度符合要求，无损坏坠落危险
3		室外灯具线路应采用双绝缘电缆或电线穿管敷设，管路应有一定强度，草坪灯、地埋灯有防水防潮功能，损坏应及时修复，防止发生触电事故
4		所有灯具防腐保护层完好，油漆表面无起皮、剥落现象，灯具接地可靠，符合规定要求
5	控制设备	灯具电气控制设备完好，动作可靠，标志齐全清晰，室外照明灯具应设漏电保护器
6	节能环保	照明灯具优先采用节能光源，因光源损坏影响照度时应及时修复，保证作业安全
7		注重环保节能，定时器按照季度调整控制时间

5. 辅机设备

辅机设备主要包括油系统设备、气系统设备、水系统设备、通风系统设备等。

(1) 油系统

油系统养护维修标准如表 3-31 所示。

表 3-31　油系统养护维修标准

序号	标准内容	
1	标志外观	油系统设备应有完整的铭牌，铭牌表面清洁，字迹清楚
2		设备及管道表面应完整清洁，无锈蚀、无油污、无积尘、无渗漏现象；各压力表表面清晰、指示准确；油箱油质、油位正常；配套电机防护罩、风扇完好无变形，风扇表面无积尘，盘动灵活

续表

序号	标准内容	
3	安全装置	压力油装置安全阀应定期校验，校验合格标签应在设备本体上明示
4		压力油装置储气罐排列整齐，固定可靠，表面整洁，铭牌、编号清楚，表面油漆无脱落
5	表计、继电器等	压力油装置仪表柜、控制柜干净整洁，控制设备动作可靠、灵敏
6		油系统中的安全装置、压力继电器和各种表计等在运行中不得随意调整
7	压力油系统	压力油和润滑油的质量标准应符合有关规定，其油温、油压、油量等应满足使用要求
8		油系统应保持畅通，各管道安全阀、止回阀、电磁阀等动作可靠、准确，阀门开关灵活，密封良好

（2）气系统

气系统养护维修标准如表 3-32 所示。

表 3-32　气系统养护维修标准

序号	标准内容	
1	标志外观	气系统设备应有完整的铭牌，铭牌表面清洁，字迹清楚
2		设备及管道表面应清洁，无锈蚀、无油污、无积尘、无渗漏现象；各压力表表面清晰、指示准确；油箱油质、油位正常；配套电机防护罩、风扇完好无变形，风扇表面无积尘，盘动灵活
3	安全装置	压缩空气系统安全阀应定期校验，校验合格标签应在设备本体上明示
4		气系统储气罐应可靠固定，表面清洁，铭牌、编号清楚，表面油漆无脱落
5	空压机	润滑油定期检查，油质、油位应正常
6		空压机冷却器整洁、通畅，无杂物、积尘
7	管路、压力表等	气系统管路应保持畅通，安全阀、止回阀等动作可靠、准确，阀门开关灵活，密封良好
8		工作压力符合规定要求，电接点压力表设定值不得随意调整
9	真空泵	真空泵排气过滤器、进出气口以及管路畅通，油质、油位正常
10	真空破坏阀	真空破坏阀关闭状态下密封良好
11		真空破坏阀按水泵启动排气的要求调整阀盖弹簧压力，确保真空破坏阀开启、关闭灵活
12		真空破坏阀吸气口附近不应有妨碍吸气的杂物
13		真空破坏阀的控制设备或辅助应急措施处于能够随时投入应急运用状态，确保机组停机后能及时打开真空破坏阀破坏虹吸管内真空

（3）水系统

水系统养护维修标准如表 3-33 所示。

表 3-33 水系统养护维修标准

序号	标准内容	
1	标志外观	水系统设备应有完整的铭牌，铭牌表面清洁，字迹清楚
2		水系统设备及管道表面应清洁，无锈蚀、无油污、无积尘、无渗漏现象；各压力表表面清晰、指示准确；配套电机防护罩、风扇完好无变形，风扇表面无积尘，盘动灵活
3	滤水器	技术供水的滤水器工作正常，水质、水温、水量、水压等应满足设备用水的要求
4	管道、闸阀等	水系统管道止回阀、电磁阀等动作可靠、准确，阀门开关灵活，密封良好
5		水系统压力表盘面清晰，指示准确
6	回水装置	回水示流装置良好，指示准确，信号上传正常
7	供、排水泵等	供、排水泵工作可靠，备用供、排水泵应定期切换运行
8		供水管路如出现渗漏现象，须及时查清原因，并进行处理
9		水泵积水坑干净，无积水，排水廊道集水井无淤积，水泵进水口无堵塞
10		冬季应防止管道内存水冻结

（4）通风系统

通风系统养护维修标准如表 3-34 所示。

表 3-34 通风系统养护维修标准

序号	标准内容	
1	标志外观	通风系统设备应有完整的铭牌，铭牌表面清洁，字迹清楚
2	配套风机	定期测量通风系统配套电机绝缘数值
3		通风机配套电机防护罩、风扇完好无变形，风扇表面无积尘，盘动灵活
4		风机叶片表面清洁，无变形、裂纹
5	风道	通风机风道通畅，无杂物，防护设施应完好，无损坏

6. 金属结构

金属结构养护维修标准如表 3-35 所示。

表 3-35 金属结构养护维修标准

序号	标准内容	
1	闸门	钢闸门无变形，表面防护漆完好，无脱落、无锈迹；发现局部锈斑、针状锈迹时，应及时补漆
2		钢闸门应保持清洁，梁格内无积水，闸门横梁、门槽及结构夹缝处等部位的杂物应及时清理，附着的水生物、泥沙和漂浮物等杂物应定期清除
3		闸门止水橡皮表面应光滑平直，止水橡皮接头胶合应紧密，接头处不应有错位、凹凸不平和疏松现象，止水压板锈蚀严重时，应予更换，压板螺栓、螺母应齐全
4		钢闸门出现严重锈蚀或涂层出现剥落、鼓泡、龟裂、明显粉化等老化现象时，应尽快采取防腐措施加以保护，可采用喷砂除锈后再做防腐涂层或喷涂金属等

续表

序号	标准内容	
5	闸门	钢闸门门体的局部构件锈损严重的，应按锈损程度，在其相应部位加固或更换
6		闸门的连接紧固件如有松动、损坏、缺失，应分别予以紧固、更换、补全；焊缝脱落、开裂、锈损，应及时补焊
7		吊座与门体应联结牢固，销轴的活动部位应定期清洗加油；吊耳、吊座出现变形、裂纹或锈损严重时应更换
8	清污机	清污机及传输装置工作正常，应定期清除污物，并按环保要求进行处理
9		定期对清污机传动机构、制动器、齿耙、耙斗、运行机构和过载保护装置进行检修，并对清污机进行防腐处理
10	拦污栅	定期吊出拦污栅进行检查，出现锈蚀现象应做防腐处理
11		拦污栅表面应清理干净，栅条平顺，无变形、卡阻、杂物、脱焊等
12		拦污栅进人孔小门应能开足位置，开关灵活，固定良好
13	金属管道	管道按照规范进行标识，管道及管道接头密封良好；管道外观无裂纹、变形、损伤情况；管道上的镇墩、支墩和管床处，无明显裂缝、沉陷和渗漏
14		出水管道的管坡应排水通畅，无滑坡、塌陷等危及管道安全的隐患
15		暗管埋土表部无积水、空洞，并设置管标。地面金属管道表面防锈层应完好；混凝土管道无剥蚀、裂缝和其他明显缺陷；非金属材料管道无变形、裂缝和老化现象
16		定期对管道壁厚及连接处（含焊缝）进行检测

7. 监控系统

监控系统主要包括计算机监控系统、视频监控系统、网络通信等。

监控系统养护维修标准如表 3-36 所示。

表 3-36　监控系统养护维修标准

序号	标准内容	
1	计算机监控系统	泵站监控系统维护应有专人负责，每 1 个月应检查 1 次系统的运行情况
2		运行期间每天测试 1 次音响，显示报警系统应正常，监控系统运行发生故障时应查明原因，及时排除
3		非工作人员严禁触摸主机，非管理人员不能擅自更改系统设置参数，修改机器内的原始文件，未经技术负责人同意，不得使用外来 U 盘及其他存储设备
4		计算机主机、显示器及附件完好，机箱封板严密，机箱内外部件整洁，无积尘，散热风扇、指示灯工作正常；线路板、各元器件、内部连线连接可靠，接插紧固
5		计算机磁盘定期维护清理，重要数据定期备份
6		PLC 各模块接线端子紧固，模块接插紧固，接触良好，接线整齐，连接可靠，标记齐全，输入输出模块指示灯工作正常
7		PLC 机架、模块、电源、继电器、散热风扇、加热器、除湿器均完好，安装固定可靠
8		PLC 之间、PLC 与主机及网络通信接口通信可靠，出口继电器接线正确，连接可靠，动作灵敏；继电器用途应有标识

续表

序号	标准内容	
9	视频监控系统	硬盘录像主机、分配器、大屏、摄像机等设备运行正常，表面清洁，散热风扇、加热器等设施完好，工作正常
10	视频监控系统	视频摄像机机架无锈蚀，安装固定可靠，及时清洁摄像机镜头，保持监控效果良好
11	视频监控系统	视频摄像机线路整齐，连接可靠，可调视频摄像机接线不影响摄像头转动，避免频繁调节，尽量不要将摄像头调到死角位置
12	视频监控系统	操作摇杆动作不能过激过猛，以免折断或造成接触不良，操作键盘应避免其他液体洒入，以免造成短路导致系统主机烧毁
13	网络通信	光纤、五类线等通信网络连接正常
14	网络通信	交换机、防火墙、路由器等通信设备运行正常
15	网络通信	各通信接口运行状态及指示灯正常
16	网络通信	自动控制系统、视频监视系统与上级调度系统通信正常
17	网络通信	通信设备运行日志及登录、访问正常
18	网络通信	完善网络构架及数据中心，提高网络安全等级保障能力

（四）管理及配套设施

1. 生产场所标准

生产场所主要包括主、副厂房，控制室，高、低压开关室，仓库等。

（1）主、副厂房

主、副厂房养护维修标准如表 3-37 所示。

表 3-37　主、副厂房养护维修标准

序号	标准内容	
1	屋顶	主、副厂房屋顶应定期检修，防止漏水；天沟、落水斗、落水管、排水沟、排水孔等排水设施应定期清理，防止堵塞，保持排水畅通，若有堵塞，应及时疏通
2	屋顶	屋顶及墙体外表干净整洁，无蛛网、积尘及污渍
3	地面	地面平整，地面砖等无破损、裂缝及油污等
4	门窗	门窗完好，开、关灵活，玻璃洁净完好，符合采光及通风要求
5	照明灯具	照明灯具安装牢固、布置合理，照度适中，各类开关、插座面板齐全、清洁、使用可靠
6	防雷接地	防雷接地装置无破损、无锈蚀，连接可靠

（2）控制室

控制室养护维修标准如表 3-38 所示。

表 3-38 控制室养护维修标准

序号	标准内容	
1	控制台	控制台面划定区域定点摆放鼠标、监视屏、打印机、电话机、对讲机及文件架，设备设施完好清洁
2		控制台内设备应保持完好、清洁，布线整齐合理、通风良好；各种记录空白表、签字笔、打印纸等应摆放整齐
3	配套设施	配备钥匙箱、常用工具等
4		置于墙面、悬挂于屋顶的监视电视机等应保持完好、清洁
5		室内窗帘保持洁净，空调设施完好，安装可靠
6	消防设施	消防设施完备，室内禁止吸烟

（3）高、低压开关室

高、低压开关室养护维修标准如表 3-39 所示。

表 3-39 高、低压开关室养护维修标准

序号	标准内容	
1	绝缘垫	高、低压开关室开关柜前后作业区域均须设置绝缘垫，绝缘垫应无破损，符合相应的绝缘等级，颜色统一、铺设平直
2	开关照明	开关室须设足够亮度的日常照明及应急照明，并处于完好状态。照明灯具安装牢固、布置合理、照度适中，开关室及巡视检查重点部位应无阴暗区，各类开关、插座面板齐全、清洁、使用可靠
3	电缆沟、电缆支架等	室内电缆沟完好，无渗水，无杂物，钢盖板无积尘、无锈迹、无破损，铺设平整、严密
4		室内电缆支架、桥架应无锈蚀，桥架连接牢固可靠，盖板及跨接线齐全，电缆排列整齐、绑扎牢固、标记齐全
5	接地	试验接地点设置合理、涂色规范明显
6	消防设施	室内灭火器定点摆放，定期检查，保持清洁

（4）物资仓库

物资仓库养护维修标准如表 3-40 所示。

表 3-40 物资仓库养护维修标准

序号	标准内容	
1	环境、制度等	仓库应保持整洁、空气流通，无蜘蛛网，物品摆放整齐
2		仓库指定专人管理，管理制度在醒目位置上墙明示，清晰完好
3	货架	货架排列整齐有序，物品分类详细合理，无破损，强度符合要求，编号齐全
4		物品按照分类划定区域摆放整齐、合理，便于存取，有通风、防潮或特殊保护要求的应有相应措施
5	危险品	危险品应单独存放，防范措施齐全，定期检查

续表

序号	标准内容	
6	消防设施等	仓库应有通风、防潮、防火、防盗的措施，有特殊保护要求的应有相应措施。储存物品不可直接与地面接触
7		照明、灭火器材等设施齐全、完好

2. 工作场所

工作场所主要包括值班室、档案室等。

(1) 值班室

值班室养护维修标准如表 3-41 所示。

表 3-41 值班室养护维修标准

序号	标准内容	
1	环境、制度等	室内保持清洁、卫生，空气清新、无杂物，隔音良好
2		墙面明示值班管理制度
3	物品放置	桌面电话机、对讲机、记录资料等应定点摆放
4		座椅摆放整齐，衣物设衣柜摆放，禁止随意放于桌面、椅背等处
5		室内窗帘保持洁净，空调设施完好，安装可靠
6	消防设施	照明、灭火器材等设施齐全、完好

(2) 档案室

档案室养护维修标准如表 3-42 所示。

表 3-42 档案室养护维修标准

序号	标准内容	
1	环境、制度等	室内保持整洁、卫生，空气清新，无关物品不得存放
2		档案室墙面明示相关制度
3	档案柜	档案柜及档案排列规范、摆放整齐、标识明晰
4	照明、遮光设施等	照明灯具及亮度符合档案室要求
5		室内窗帘保持洁净，空调设施完好，安装可靠
6		温湿度计、碎纸机、除湿机配备齐全、完好
7	安全、消防设施等	符合防火、防盗、防潮、防光、防尘、防虫鼠的要求；配备灭火器、温湿度计等设施，四周无危及档案室安全的隐患

六、安全生产标准

管理单位应组织职工认真学习、贯彻执行《中华人民共和国水法》《中华人民共和国防洪法》《中华人民共和国安全生产法》《江苏省水利工程管理条例》和《江苏省河道管理条例》等有关法律、法规，开展安全生产管理工作。

（一）安全管理

安全管理标准如表 3-43 所示。

表 3-43 安全管理标准

序号	标准内容	
1	目标职责	明确安全生产管理机构，配备专（兼）职安全生产管理人员，建立、健全安全管理网络和安全生产责任制
2		逐级签订安全生产责任书，并制定目标保证措施
3		按有关规定保证具备安全生产条件所必需的资金投入，并严格资金管理
4	制度化管理	建立、健全安全生产规章制度和安全操作规程，改善安全生产条件，建立健全安全台账
5		及时识别、获取适用的安全生产法律法规和其他要求，归口管理部门每年发布一次适用的清单，建立文本数据库
6	教育培训	每年识别安全教育培训需求，编制培训计划，按计划进行培训，对培训效果进行评价
7		加强新员工、特种作业人员、相关方及外来人员教育培训工作
8	现场管理	现场设施管理工作标准参见表 3-10 至 3-42 相关内容
9		作业时成立安全管理小组，配备专（兼）职安全员，与相关方签订安全生产协议，开展专项安全知识培训和安全技术交底，检查落实安全措施，规范各类作业行为
10	安全风险管控及隐患排查治理	定期开展危险源辨识和风险等级评价，设置安全风险公告牌、危险源告知牌，管控安全风险，消除事故隐患
11		对重大危险源进行登记建档，并按规定进行备案，同时对重大危险源采取技术措施和组织措施进行监控
12	应急管理	建立健全安全生产预案体系（综合预案、专项预案、现场处置方案等），将预案报上级主管部门备案，并通报有关应急协作单位，一般每 3 年修订 1 次，如工程管理条件发生变化应及时修订完善
13		安全应急预案或专项应急预案每年应至少组织 1 次演练，现场处置方案每半年应至少组织 1 次演练，并做好演练记录
14	事故查处	发生事故后管理单位应采取有效措施，组织抢救，防止事故扩大，并按有关规定及时向上级主管部门汇报，配合做好事故的调查及处理工作
15		零事故报告定期通过信息平台上报
16	持续改进	根据有关规定和要求，开展安全生产标准化建设，同时根据绩效评定报告，进行持续改进

（二）安全鉴定

安全鉴定工作标准如表 3-44 所示。

表 3-44　安全鉴定工作标准

序号	标准内容	
1	鉴定条件	泵站安全鉴定应按《江苏省泵站安全鉴定管理办法》执行
2		泵站建成投入运行 20～25 年、全面更新改造后投入运行 15～20 年时，应进行全面安全鉴定；以后每隔 5～10 年进行 1 次安全鉴定。运行中遭遇超标准洪水、强烈地震、增水高度超过校核潮位的风暴潮或工程发生重大事故后，应及时进行安全检查，如出现影响安全的异常现象，应及时进行安全鉴定
3	鉴定实施	泵站安全鉴定具体内容应按《泵站安全鉴定规程》(SL 316—2015)的规定进行，包括现状调查、安全检测、安全复核等。根据安全复核结果，进行研究分析，做出综合评估，确定工程安全类别，编制安全评价报告，并提出加强工程管理、改善运用方式、进行技术改造、加固补强、设备更新或降等使用、报废重建等方面的意见
4	成果运用	经安全鉴定为二类泵站的，管理单位应编制维修方案，报上级主管部门批准，必要时进行大修。经安全鉴定为三类泵站的，管理单位应及时组织编制除险加固计划，报上级主管部门批准。经安全鉴定为四类泵站的，管理单位应向上级主管部门申请降低标准运用或报废重建
5		在三、四类工程未处理前，管理单位应制定安全应急方案，并采取限制运用措施

七、制度管理标准

泵站管理单位应结合工程实际，及时修订泵站工程管理细则及泵站运行各项管理制度。制度建设主要包括技术管理细则、规章制度、操作规程的制订、完善与执行等方面。

制度管理标准如表 3-45 所示。

表 3-45　制度管理标准

序号	标准内容	
1	技术管理细则	管理单位应结合工程的规划设计和具体情况，编制泵站工程管理细则，并报上级主管部门批准
2		管理细则应有针对性、可操作性，能全面指导工程技术管理工作，主要内容包括：总则、工程概况、控制运用、工程检查与设备评级、工程观测、养护修理、安全管理、技术资料与档案管理、其他工作等
3		当工程实际情况和管理要求发生改变时要及时进行修订
4	规章制度	规章制度条文应规定工作的内容、程序、方法，要有针对性和可操作性
5		规章制度应经过批准并印发执行
6		管理单位应将规章制度汇编成册，组织培训学习
7		管理单位应开展规章制度执行情况监督检查，并将规章制度执行情况与单位、个人评先评优和绩效考核挂钩
8		管理单位应每年对规章制度执行效果进行评估、总结

续表

序号	标准内容	
9	操作规程	应由管理、技术、操作3个层次的人员参与修订操作规程，确保其适宜性和有效性
10		操作规程必须保证操作步骤的完整、细致、准确、量化，确保技术指标、技术要求、操作方法的科学合理
11		操作规程经组织审查后，报上级主管部门审核批准后，方可发布执行
12		操作规程应及时修订、补充和不断完善；在采用新技术、新工艺、新设备、新材料时必须及时以补充规定形式进行修改，或者进行全面修订

八、教育培训标准

泵站管理单位应结合工程实际，及时修订年度教育培训计划。教育培训工作主要包括制订培训计划、新职工入职培训、安全生产教育培训、特种作业人员培训等。

教育培训工作标准如表3-46所示。

表3-46 教育培训工作标准

序号	标准内容	
1	制订计划	管理单位应制订年度教育培训计划，开展在岗人员专业技术和业务技能的学习与培训，运行管理岗位人员培训每年不少于1次，应完成规定的学时，职工年培训率应达到50%以上
2	开展教育培训	首次上岗的运行管理人员应实行岗前教育培训，具备与岗位工作相适应的专业知识和业务技能
3		泵站运行关键岗位和特种作业人员应按照有关规定进行培训并持证上岗
4		单位主要负责人、安全生产管理人员初次安全培训时间不得少于32学时，每年再培训时间不得少于12学时，一般在岗作业人员每年安全生产教育和培训时间不得少于12学时，新员工的三级安全培训教育时间不得少于24学时
5		管理细则、规章制度、应急预案等应按规定及时组织培训学习
6	效果评估	管理单位应每年对教育培训效果进行评估和总结，建立教育培训台账

九、档案管理标准

（一）技术档案管理标准

管理单位应建立档案资料管理制度，由熟悉工程管理、掌握档案管理知识并经培训取得上岗资格的专职或兼职人员管理档案，档案设施保持齐全、清洁、完好。

技术档案管理标准如表3-47所示。

表 3-47　技术档案管理标准

序号	标准内容	
1	范围及周期	技术档案包括以文字、图表等纸质件及音像、电子文档等磁介质、光介质等形式存在的各类资料
2		管理单位应及时收集技术资料，对于控制运用频繁的工程，运行资料整理与整编宜每季度进行1次；对于运用较少的工程，运行资料整理与整编宜每年进行1次
3	建档立卡	各类工程和设备均应建档立卡，文字、图表等资料应规范齐全、分类清楚、存放有序，及时归档
4	保管借阅	严格执行保管、借阅制度，做到收借有手续，按时归还
5		档案管理人员工作变动时，应按规定办理交接手续
6	档案室管理	库房温度、湿度应控制在规定范围内
7		档案管理制度、档案分类方案应上墙；档案库房照明应选用白炽灯或白炽灯型节能灯
8	电子化管理	积极推行档案管理电子化

（二）技术图表管理标准

技术图表管理标准主要依据《科学技术档案案卷构成的一般要求》（GB/T 11822—2008）、《江苏省档案管理条例》（2017）、《泵站技术管理规程》（GB/T 30948—2014）和《水闸泵站标志标牌规范》（DB 32/T3839—2020）的有关规定制定。

技术图表管理标准如表 3-48 所示。

表 3-48　技术图表管理标准

序号	标准内容	
1	范围及内容	泵站工程技术图表主要包括工程概况，泵站平、立、剖面图，水泵性能曲线，油、气、水系统图，高低压电气主接线图，设备检修揭示图，巡视检查路线图和各部分巡查内容等
2	工程概况	工程概况应包含工程地理位置，泵站等别，主水泵、主电机型号，单机流量、单机功率和泵站扬程等主要技术指标
3	泵站三视图	泵站三视图主要包括平面布置图、立面布置图、剖面图，三视图中应标明泵房主要尺寸和重点部位高程，混凝土结构部分尽量分色绘制
4	设备揭示图	主要设备揭示图包括主电机、主水泵、主变压器、高低压开关设备、辅机设备、金属结构件等，揭示图中应注明主要设备的出厂时间、安装时间、等级评定时间、大修周期、小修周期和设备保养责任人等信息
5	电气接线图	电气主接线图包括高压电气主接线和低压电气主接线，主接线图中设备名称与编号应与现场一致，主接线中各电压等级的线路应按规范进行分色绘制
6	张贴位置	相关技术图表张贴在主、副厂房，主变室，高低压开关室，控制室等合适位置，图表中的内容应准确，图表格式应相对统一，表面应整洁美观，固定牢靠，并定期检查维护

十、水政管理标准

水政管理工作主要包括水法宣传培训、划界确权、管理范围内水政巡查、涉水项目监管、违章处理等。

水政管理标准如表 3-49 所示。

表 3-49 水政管理标准

序号	标准内容	
1	水法规宣传	管理单位要结合"世界水周""世界水日"等,加强水法宣传,同时在执法巡查中要加强水法规宣传,做到巡查和宣传相结合
2	划界确权	应以有关法律法规、规范性文件、技术标准和工程立项审批文件为依据,结合工程运行条件、工程布置和周围其他环境因素,划定泵站工程管理范围、保护范围和安全警戒区,确定管理范围内土地使用权属,设立界桩
3		设置管理范围和保护范围公告牌等
4	管理范围巡查	水政监察部门应制定年度巡查方案,包括巡查范围、重点、内容、周期、路线以及责任人和相关责任等
5		巡查采用日常巡查与不定期抽查相结合、重点巡查与一般巡查相结合的方式,可根据各类水事行为的特点增加巡查次数,重点地区可开展联合执法巡查
6		执法巡查一般不得少于 2 人,巡查人员对水事活动实施检查,应主动出示执法证件,严格按照法定权限和程序办事
7		执法巡查应当做到文明用语,文明执法。严禁参加可能影响巡查办案的宴请或收受礼品,严禁酒后巡查执法
8		对巡查中发现的各类水事违法案件应及时处理,对特别紧急的水事违法案件应及时报上级主管部门,重大水事案件应当逐级上报
9		执法巡查应建立台账,巡查人员应及时填写巡查记录,载明巡查人员、路线、内容、方式、发现的问题及处理情况
10		按要求及时统计上报水行政执法巡查月报表
11		对水政管理设施定期进行检查与维护,范围桩(牌)、安全警示牌等检查维护记录齐全
12	涉水项目监管	审核建设项目实施方案对河道工程设施造成的不利影响
13		现场开展放线报验、复核,督促建设单位签署承诺书并落实补偿措施,参与项目验收并做好资料收集
14		监督指导项目防汛、度汛工作
15	违法处理	发现侵占、破坏或损坏水利工程的行为,立即采取有效措施予以制止,及时报告并依法查处
16		纠正违法行为,应当坚持处罚与教育相结合,教育公民、法人或者其他组织自觉守法
17		违法行为调查终结后,水政监察人员应当就案件的事实、证据、处罚依据和处罚意见等,向水行政处罚机关提出书面报告

十一、标志标牌设置标准

标志标牌主要包括导视类、公告类、名称编号类、安全类等，其颜色、规格、材质、内容及安装等应符合《水闸泵站标志标牌规范》规定，同时结合工程结构及设备的实际情况布置明示。

泵站各类技术图表明示位置如表 3-50 所示。

表 3-50　泵站技术图表明示位置

场所		电机层	联轴层人孔层	水泵层	主变压器室	高压开关室（GIS室）	低压开关室	励磁变压器室	继电保护室	控制室	空压机室	真空破坏阀室
图表名称	工程概况	√										
	工程平面图、立面图、剖面图	√										
	主要(电气)设备揭示表	√				√	√	√	√			
	泵站主要技术参数表	√										
	主水泵装置综合特性曲线	√										
	电气主接线图	√				√	√					
	压力油系统图	√										
	低压气系统图	√										
	供排水系统图	√										
	供、排水泵工作示意图			√								
	压缩空气系统工作示意图										√	
	巡视线路图	√	√	√	√	√	√	√	√	√	√	√
	巡视检查内容	√	√	√	√	√	√	√	√	√	√	√

1. 导视类标志标牌

导视类标志标牌包括工程路网导视标牌、工程区域总平面布置图标牌、工程区域内建筑物导视标牌、建筑物内楼层导视标牌。

导视类标志标牌设置标准如表 3-51 所示。

表 3-51　导视类标志标牌设置标准

序号	标准内容	
1	设置要求	导视类标志标牌应保证信息的连续性和内容的一致性
2	布置顺序	导视标牌有多个不同方向的目的地时，宜按照向前、向左和向右的顺序布置
3		同一方向有多个目的地时，宜按照由近及远的空间位置从上至下集中排列

续表

序号	标准内容	
4	布置顺序	导视标牌应标注每层布置的功能间名称，标牌内容从上向下应按照高楼层向低楼层的顺序排列
5	重点区域	宜配套设置巡视路线地贴标牌，重点部位宜设置重点部位运行巡视点标牌，明确关键部位的巡视点，提醒运行工作人员加强巡视

2．公告类标志标牌

公告类标志标牌包括工程简介标牌、工程设计标牌、工程管理标牌、参观须知标牌、管理范围和保护范围公告牌、水法规告示标牌、工程建设永久性责任标牌、管理制度标牌、关键岗位责任制标牌、操作规程标牌、巡视内容标牌等。

公告类标志标牌设置标准如表 3-52 所示。

表 3-52　公告类标志标牌设置标准

序号	标准内容	
1	设置要求	公告类标志标牌一般为单面设置，必要时可设置双面标牌
2		对于水闸、泵站合一的水利工程，部分标牌可合并设置
3	设置部位	公告类标志标牌一般设置在建筑物入口、门厅入口、参观起点等醒目位置
4		水法规告知标牌一般设置在泵站上下游的左右岸、入口、公路桥以及拦河浮桶处。水法规告示标牌数量可根据实际需要确定，一般不宜少于 4 块
5		控制运用类管理制度标牌宜设置在控制室、值班室；工程检查、观测、维修养护管理制度及关键岗位责任制标牌宜设置在办公室、值班室；操作规程标准宜设置在操作现场；巡视内容标牌等宜设置在巡视现场

3．名称编号类标志标牌

名称编号类标志标牌包括管理单位名称标牌、建筑物名称标牌、房间名称标牌、管理界桩标牌、管理区域分界碑标牌、安全警戒区标志标牌、工程观测设施名称标牌、里程桩、百米桩、设备名称标牌、按钮、指示灯、旋转开关标牌、管道名称流向标牌、管路闸阀标牌、液位指示线标牌、起重机额定起重量标牌等。

名称编号类标志标牌设置标准如表 3-53 所示。

表 3-53　名称编号类标志标牌设置标准

序号	标准内容	
1	名称要求	有厂家标志标牌的优先使用厂家自带的标志标牌，没有的应后期制作
2		管理单位名称一般使用中文，也可同时使用英文
3	建筑物	每个建（构）筑物宜设置建筑物名称标牌，一般设置于建（构）筑物顶部、建（构）筑物侧面或建（构）筑物主出入口处
4	机电设备	设备名称标牌应配置在设备本体或附近醒目位置，宜设置于柜眉，应面向操作人员
5	开关指示	指示灯、按钮和旋转开关旁宜设置文字标志标牌，提示操作功能和运行状态等，一般设置在相关按钮、指示灯、旋转开关下部适当位置

续表

序号	标准内容	
6	闸阀	管路闸阀名称标牌宜悬挂于相应闸阀的操作手柄处；旋转方向标牌宜固定在闸阀上
7	同类设备	同类设备按顺序编号，编号标志标牌内容包括设备名称及阿拉伯数字编号
8		编号标牌颜色组合宜为白底红字、白底蓝字、红底白字、蓝底白字等，可参照设备底色选定。同类设备编号标牌尺寸应一致，设置在容易辨识、固定且相对平整的位置
9	旋转设备	旋转机械有旋转方向标牌，内容为功能箭头。电机旋转方向标志宜设置在电机的外罩上，水泵抽水发电方向标志宜设置在水泵联轴器或泵轴上

4. 安全类标志标牌

安全类标志标牌一般包括禁止标志标牌、警告标志标牌、指令标志标牌、提示标志标牌、安全警戒线、消防标志标牌、电力标志标牌、交通标志标牌、职业健康告知牌、危险源点警示牌等。

安全类标志标牌设置标准如表 3-54 所示。

表 3-54　安全类标志标牌设置标准

序号	标准内容	
1	设置要求	多个安全标志标牌设置在一起时，应按禁止、警告、指令、提示类型的顺序，先左后右、先上后下排列
2		泵站上下游的左右岸、入口、公路桥以及拦河浮桶处应设置安全类标志标牌，总量一般不宜少于 4 块，可根据现场实际需要适当增加标牌数量
3		泵站引河较长的，每隔 200～300 m，或河道转弯处，需设置安全类标志标牌
4	警戒线	电气设备、变配电站、机械设备、消防设备、行车停放位置下方等危险场所或危险部位周围应设置安全警戒线和防护设施。电气设备、变配电站、机械设备所在区域，楼梯第一级台阶上用黄色警戒线，消防箱、消防柜及灭火器的安全隔离区用红白警戒线
5		危险部位、拦河浮筒上用黄黑警戒线，安全警戒线的宽度宜为 50～150 mm
6	标牌管理	现有的安全类标志标牌缺失、数量不足、设置不符合要求的，应及时补充、完善或替换

第四章　管理制度

制度是共同遵守的办事规程或行动准则，是技术发挥其作用的保证，制度建设注重严肃性、严密性、系统性。泵站工程精细化管理需要建立健全刚性的制度体系，一般包括技术管理细则、规章制度和操作规程等，内容和深度应满足工程管理需要，可操作性强。各类制度既有分工、互不冲突又相互联系、协调配合，共同发挥作用，做到系统、管用、可行，切实保证各项工作规范有方、管理有章、执行有据。同时，要加强制度学习与执行，对制度执行的效果应进行评估、总结，当工程状况或管理要求发生变化时应及时修订完善。

第一节　管理细则

管理细则是管理单位技术管理的纲领性文件。管理细则主要包括总则、一般规定、工程概况、控制运用、运行管理、维修养护、工程检查评级、工程观测、安全管理、技术资料与档案管理等。

一、总则

总则应详细说明细则制定的依据、适用范围、主要内容、本工程的管理任务与职责等。

二、一般规定

一般规定应说明工程管理考核、维修养护、检查评级、工程观测等方面的相关规定，以及需要建立的各项管理制度和规程、泵站经济技术考核指标等。

三、工程概况

工程概况一般包括工程基本情况、加固改造、功能作用、管理范围、设计水位组合及历史特征值等内容。

四、控制运用

控制运用主要内容为一般规定、调度方案、控制运用要求、设备操作等。

1. 一般规定明确下达调度指令的上级部门以及执行的相关规定，指令记录，执行完毕后上报和泵站机电设备操作运行记录留存的相关要求等。

2. 调度方案包括运行调度要求、调度的主要内容和泵站优化调度的相关规定。

3. 控制运用要求包括泵站机电设备管理的一般规定、机电设备运行前的检查、运行中的监视、特殊情况下的巡查、故障处理和泵站工程运行应备有的备品件、器具和技术资料等。

4. 设备操作主要说明操作应遵守的规定、运行操作的内容等。

五、运行管理

运行管理包括一般规定、主水泵运行、主电机运行、110 kV 系统运行、站用电系统运行、直流系统运行、保护和自动装置运行、励磁系统运行、辅助设备与金属结构、自动化控制系统等内容。

1. 一般规定对泵站运行方式、机电设备运行管理进行总体说明。

2. 主水泵运行包括运行前巡视检查，运行过程中汽蚀、振动检查，润滑水的水质、水压、水温、水量的监视，水泵各类监测仪表的记录等。

3. 主电机运行包括运行前检查、绝缘电阻测定，运行过程中电机的电压、电流监视，主电机定子、转子温升检查，各部分振动幅值监测，导向瓦、推力瓦的温度监视，同步电动机滑环、碳刷检查，冷却水回水示流器的检查等。

4. 110 kV 系统包括 GIS 封闭式组合电器和 110 kV 主变压器。

(1) GIS 封闭式组合电器运行包括运行前检查、SF_6气体浓度自动检测报警装置试验、运行中主要巡查内容等。

(2) 110 kV 主变压器运行包括运行前检查、绝缘电阻测定、瓦斯继电器动作处理、运行中的主要巡查内容等。

5. 站用电系统运行主要包括高低压开关柜和站用变压器的运行前检查内容、绝缘电阻测定和运行中的主要巡查内容，以及避雷器和电压互感器、电流互感器运行中的注意事项等。

6. 直流系统运行包括直流系统的运行参数检查、核容性充放电保养要求和接地故障判别处理等。

7. 保护和自动装置、励磁装置运行包括运行前的检查，运行过程中的巡视要求等。

8. 辅助设备与金属结构运行包括泵站油、气、水辅机设备，清污机，拦污栅等运行过程中的注意事项和巡查要求，以及紧急情况的应对措施等。

9. 自动控制系统运行包括运行前检查工作、投运后的技术管理要求和注意事项等。

六、维修养护

维修养护包括一般规定，土工建筑物、石工建筑物、混凝土建筑物养护修理，主机组养护修理，变压器养护修理，电气设备养护修理，辅助设备与金属结构养护修理，自动监控设备养护修理，水文观测设施养护修理，维修养护项目管理等内容。

1. 管理单位应定期对工程和设备进行全面检查，并根据工程和设备的运行及检查情况、技术状态以及相关技术要求及时编报检修计划。

2. 工程设施在检修内容全部完成、检修质量合格、检测记录和有关资料齐全后，应进行试运行；设备检修记录、试验报告、试运行报告和技术总结等技术资料，应及时整理归档。

3. 技术管理细则应详细说明工程设施养护修理的项目、周期、程序、要求、注意事项等。

4. 维修养护项目管理包括工程维修养护计划的编制、上报，组织实施的要求，质量、进度、投资的管理，项目管理卡管理，竣工验收等。

七、工程检查与评级

工程检查与设备评级包括一般要求、日常检查、定期检查、专项检查、设备评级等内容。

1. 一般要求主要包括泵站工程检查的分类，检查的内容、时间、记录等。

2. 日常检查主要包括日常巡查、经常检查的频率，检查内容，经常检查要求，表格记录填写标准等。

3. 定期检查主要包括汛前检查、汛后检查及专项检查。

(1) 汛前检查着重检查岁修工程和度汛应急工程完成情况、安全度汛措施的落实情况。对检查中发现的问题应及时进行处理，对影响工程安全度汛而一时又无法在汛前解决的问题，应制定好应急抢险方案。

(2) 汛前检查应结合汛前保养工作同时进行，每年在 3 月底前完成，并上报检查报告。

(3) 汛后检查着重检查工程和设备度汛后的变化和损坏情况。对检查中发现的问题应及时组织人员修复或作为下一年度的岁修项目上报。汛后检查工作一般要求在每年 10 月底前完成。

(4) 水下检查一般每年汛前进行，主要检查进水池底板完好情况，拦污栅是否变形，拦污栅、检修门槽部位是否存在杂物卡阻。

4. 设备评级主要包括本工程机电设备和水工建筑物评级的周期、评级范围和评级要求。评级可结合定期检查进行，在设备大修或更新后，应及时进行评级，按照评级单元、单项设备、单位工程逐级评定。

八、工程观测

工程观测包括一般要求、观测项目、观测要求、观测资料整编与成果分析等内容。

1. 一般要求主要包括本工程观测的主要任务，观测工作执行的标准。

2. 观测项目一般包括垂直位移、河床变形、扬压力、伸缩缝等。

3. 工程观测设施布置、观测方法、观测时间、观测频次、测量精度、观测记录等应满足相关技术规范要求。

4. 整编与成果分析的要求主要包括观测资料整编的时间，观测分析报告编写、审查，观测记录及成果原件的归档。

5. 观测分析报告主要包括工程概况，观测设备情况，设施的布置、型号、完好率、观测初始值，主要观测方法，主要观测成果，成果分析与评价，结论与建议等。

九、安全管理

安全管理主要包括一般规定、工程安全管理、安全运行、安全检修、安全鉴定等内容。

1. 一般规定应详细说明泵站安全管理制度、防洪预案、反事故预案制定，“两票三制”制度执行，岗位技能培训，消防设施设置，安全警示标志及防护设施配置等。

2. 工程安全管理应详细说明管理范围内水行政管理、安全警示标识设立、避雷设施及各类报警装置检查维修等内容。

3. 安全运行主要包括设备安全操作、运行一般要求，用电设备安全距离，设备操作安全技术要求和相关注意事项等。

4. 安全检修主要包括检修安全组织措施，高压设备检修作业注意事项，带电作业、登高作业技术要求等。

5. 安全鉴定主要包括安全鉴定的范围、安全鉴定条件、安全鉴定的程序、管理单位应承担的工作以及安全鉴定的后续工作等。

十、技术资料与档案管理

技术资料与档案管理主要包括一般规定、档案收集、档案整理归档、档案验收移交、档案保管等内容。

1. 一般规定对技术档案管理制度、人员、设施等提出总体要求。

2. 档案收集主要包括工程技术文件分类，档案收集的要求、收集的内容等。

3. 档案整理归档主要包括工程技术文件整理应达到的要求，工程技术文件组卷，案卷编目，案卷装订的要求，档案目录及检索的要求等。

4. 档案验收移交主要包括档案验收、档案移交的要求。

5. 档案保管主要包括档案室管理要求、档案保管要求。

第二节　规章制度

泵站管理相关规章制度主要包括控制运用、工程检查、工程观测、维修养护、设备管理、安全生产管理、档案管理、水政管理、教育培训、岗位责任制等方面。

一、编制基本原则

1. 管理单位应根据国家的法律法规、行业规范的要求,结合本工程实际,制定本单位的各项规章制度。

2. 管理单位应建立完整的制度体系,包括日常管理的各个方面,确保相关事项有章可循,同时注意制度之间的配套衔接。

3. 规章制度的制定包括制度起草、会签、审核、签发和发布等流程。

4. 规章制度的条文应规定该项工作的内容、程序、方法,紧密结合工程实际,具有较强的针对性和可操作性。

5. 制度的执行应提供相应佐证材料,并及时整理归档。

6. 当管理条件发生变化时,应及时修订完善。

二、控制运用制度

控制运用类制度适用于调度管理、运行操作、值班管理等方面,一般包括调度管理制度、操作票制度、运行值班制度、运行现场管理制度、运行巡视检查制度、交接班制度等。

(一)调度管理制度

1. 目的及适用范围:泵站工程的调度运用。

2. 主要内容:

(1) 明确本工程的调度部门和调度权限;

(2) 明确控制运用方案主要内容及相关的纪律要求;

(3) 接到调度指令后进行运行前检查、开停机操作的相关规定;

(4) 机组运行过程中调停、工况调节的相关规定;

(5) 调度指令记录、回复;

(6) 相关水闸的配合运行;

(7) 通信设施的检查。

(二)操作票制度

1. 目的及适用范围:操作票的使用及管理。

2. 主要内容:

(1) 操作票使用的范围;

(2) 操作票的签发;

(3) 操作票的执行、监护;

(4) 操作人的操作、防护,监护人的唱票、监督的规定;

(5) 操作人、监护人签字,监护人向发令人汇报的相关要求;

(6) 操作票的保管归档要求。

（三）运行值班制度

1. 目的及适用范围:泵站开机运行的值班管理。
2. 主要内容:
(1) 值班人员执行调度指令的规定;
(2) 值班人员的着装要求、上下班纪律要求等;
(3) 设备巡查、相关规章制度的执行;
(4) 运行记录的填写要求;
(4) 异常情况的处理;
(5) 工作现场及值班室清洁要求。

（四）运行现场管理制度

1. 目的及适用范围:控制室、值班室、运行现场管理。
2. 主要内容:
(1) 运行现场基本管理要求;
(2) 运行现场应具备的各类规章制度、上墙图表等;
(3) 配备常用工器具和备品备件的要求;
(4) 现场安全用具管理要求;
(5) 各类电气图纸、运行记录摆放要求。

（五）运行巡视检查制度

1. 目的及适用范围:泵站运行巡视检查工作。
2. 主要内容:
(1) 运行巡视检查的路线、时间及频次要求;
(2) 增加巡查次数的具体规定;
(3) 高压电气设备巡查要求和注意事项;
(4) 雷雨天气时室外巡查要求;
(5) 巡查缺陷处理及报告程序。

（六）交接班制度

1. 目的及适用范围:泵站运行值班人员的交接班管理。
2. 主要内容:
(1) 交接班时间、纪律要求等;
(2) 交接班双方的职责,特别是设备异常运行时的交接要求;
(3) 处理事故或进行重要操作时交接班管理;
(4) 交接班手续的办理;
(5) 交接班记录的填写要求。

三、工程检查制度

1. 目的及适用范围：泵站工程的日常检查、定期检查、专项检查等。

2. 主要内容：

(1) 工程检查的分类；

(2) 日常检查周期、检查内容；

(3) 汛前、汛后检查的时间、内容、要求，报告的编写与上报；

(4) 特别检查的内容、要求，报告的编写与上报；

(5) 资料收集整理归档的相关要求。

可以按工程检查的分类分别编制相应的检查制度。

四、工程观测制度

1. 目的及适用范围：泵站工程的工程观测工作。

2. 主要内容：

(1) 观测项目(由上级下达的观测任务书确定)；

(2) 观测设施的布置、观测方法、观测时间、测量次数、测量精度、观测记录、资料整理与整编等方面的一般规定；

(3) 观测工作的基本要求；

(4) 观测成果审核、分析和整理、上报；

(5) 异常情况的处理；

(6) 安全监测方案相关要求；

(7) 观测成果资料整编、归档；

(8) 观测成果应用。

五、维修养护制度

1. 目的及适用范围：管理范围内泵站的维修养护。

2. 主要内容：

(1) 泵站工程及附属设施主要维修项目；

(2) 泵站工程及附属设施主要养护项目；

(3) 维修项目的申报、方案编制要求；

(4) 维修(养护)项目采购与合同管理；

(5) 维修(养护)项目施工质量标准；

(6) 维修(养护)项目过程安全管理；

(7) 维修(养护)项目进度管理；

(8) 维修(养护)项目资金管理；

(9) 维修项目结算及造价审计；

(10) 维修项目阶段验收、合同完工验收及竣工验收；
(11) 维修(养护)项目管理卡填写要求；
(12) 维修养护项目绩效评定相关规定。
可以按分项内容分别编制相应的管理制度。

六、设备管理制度

1. 目的及适用范围：泵站工程机电设备的日常管理、缺陷等级管理、养护管理等。
2. 主要内容：
(1) 编制操作规程，组织运行人员学习、演练、使用的要求；
(2) 设备建档挂卡、编号、旋转方向指示的规定；
(3) 设备缺陷登记内容、程度、类别及消除措施，存在问题、时间等记录要求；
(4) 设备日常养护频次及要求；
(5) 设备试验、校验的规定；
(6) 根据缺陷的严重程度，进行分类、汇报及处理的规定。

七、安全生产管理制度

(一) 主要制度

1. 目的及适用范围：泵站设备设施管理、人员管理、作业行为管理等。
2. 主要分项制度：
(1) 安全目标管理制度；
(2) 安全生产责任制；
(3) 安全生产投入管理制度；
(4) 安全教育培训管理制度；
(5) 法律法规标准规范管理制度；
(6) 重大危险源辨识与管理制度；
(7) 安全风险管理、隐患排查治理制度；
(8) 特种作业人员管理制度；
(9) 建设项目安全设施、职业病防护设施“三同时”管理制度；
(10) 作业活动管理制度；
(11) 危险物品管理制度；
(12) 消防安全管理制度；
(13) 用电安全管理制度；
(14) 安全保卫制度；
(15) 职业病危害防治制度；
(16) 劳动防护用品(具)管理制度；
(17) 应急管理制度；

(18) 事故管理制度;

(19) 相关方管理制度;

(20) 安全生产报告制度。

(二) 相关预案

1. 目的及适用范围:泵站防汛防旱、防台风、运行事故应急处置。

2. 主要预案:

预案的编制可参照《生产经营单位生产安全事故应急预案编制导则》(GB/T 29639—2013)相关要求。

(1) 防汛防旱应急预案编制主要包括以下内容。

① 总则。包括编制目的、编制依据、适用范围、工作原则。

② 风险分析。包括工程概况、水文气象特征、历史防汛防旱特性分析、影响工程安全运行问题分析。

③ 组织体系。包括组织机构、主要职责。

④ 监测预报、预警与预防。

⑤ 应急响应。包括总体要求、工作内容、应急响应级别及响应行动、信息报送与处理。

⑥ 应急保障措施。

⑦ 后期处置。

⑧ 预案管理。

(2) 防台风应急预案编制主要包括以下内容。

① 总则。包括编制目的、编制依据、适用范围、工作原则。

② 应急组织与职责。包括组织体系、主要职责。

③ 预防预警机制。包括台风预警等级、预警及发布、台风信息跟踪。

④ 应急响应。包括应急程序、应急响应级别、应急响应行动、伤亡事故报告基本要求和内容、应急响应结束。

⑤ 保障措施。

⑥ 善后工作。

(3) 泵站运行事故应急预案编制主要包括以下内容。

① 总则。包括编制目的、编制依据、适用范围、工作原则。

② 工程概况。

③ 应急组织与职责。包括组成、职责、人员分工。

④ 应急处置程序。包括工程设施及人身事故先期处置程序、现场应急处置程序。

⑤ 主要事故或故障处理措施。包括各种主要事故或故障处理措施、事件报告基本要求和内容。

⑥ 注意事项。

八、档案管理制度

1. 目的及适用范围:管理单位的档案管理工作。

2. 主要内容：

(1) 档案分类的相关规定；

(2) 各类档案的归档范围；

(3) 各类档案的保管期限；

(4) 档案的收集、移交责任分工和相关手续；

(5) 档案的整理、归档；

(6) 档案的保管、借阅；

(7) 档案的编研；

(8) 档案库房的巡查及安全措施等；

(9) 档案设备设施管理维护；

(10) 档案的保密规定；

(11) 相关资料台账等。

可以按分项内容分别编制相应的管理制度。

九、水政管理制度

1. 目的及适用范围：管理范围内的水行政管理工作。

2. 主要内容：

(1) 水行政管理人员职责；

(2) 水政巡查的范围；

(3) 巡查的频次、内容、记录等规定；

(4) 水法规宣传的范围、内容；

(5) 水法规学习培训、水政人员继续教育；

(6) 水事违法问题的处置事项；

(7) 涉河建设项目的许可前服务、许可后签订占用补偿协议、设立公示牌、施工方案审查、跟踪巡查、督促整改、参与验收等监督管理程序；

(8) 水政巡查装备的管理；

(9) 水政执法活动的安全保障；

(10) 巡查记录、月报表和年度统计报表等。

可以按分项内容分别编制相应的管理制度。

十、教育培训制度

1. 目的及适用范围：管理单位学习、培训工作。

2. 主要内容：

(1) 学习培训需求的识别；

(2) 培训计划的制订和审批；

(3) 培训计划的执行(包括培训时间、培训方式、培训部门等)；

(4) 培训效果的评价；

(5) 教育培训台账等。

十一、岗位责任制

1. 目的及适用范围:管理单位全体人员。

2. 主要内容:

(1) 单位负责人岗位职责;

(2) 技术人员岗位职责;

(3) 泵站运行工岗位职责。

第三节 操作规程

泵站操作规程一般包括泵站运行规程、高压开关室操作规程、低压开关室操作规程、励磁室操作规程、行车操作规程、空压机操作规程等。

一、编制基本原则

1. 操作规程应以工程设计和操作实践为依据,确保技术指标、技术要求、操作方法的科学合理,成为人人遵守的操作行为指南。

2. 操作规程应保证操作步骤的完整、细致、准确、量化,有利于设施设备的可靠安全运行,同时要注意各操作规程之间的衔接配合。

3. 操作规程应与优化运行、节能降耗、提高效率等相结合。

4. 操作规程应明确岗位操作人员的职责,做到分工明确、协同操作、配合密切。

5. 操作规程的制定包括规程起草、会签、审核、签发和发布等。

6. 操作规程应在实践中及时修订、补充和不断完善,在采用新技术、新工艺、新设备、新材料时必须及时以补充规定形式进行修改或进行全面修订。

二、泵站运行规程

1. 适用范围:泵站机电设备运行操作、设备巡查、运行故障处置等。

2. 主要内容:

(1) 泵站运行人员的分工与职责;

(2) 开机前的准备工作,操作前检查的主要内容及要求;

(3) 主变投运及站用电源切换;

(4) 辅机设备投运;

(5) 开停机操作;

(6) 机电设备运行巡查;

(7) 泵站运行事故及不正常运行处理。

三、高压开关室操作规程

1. 适用范围：高压开关投运、停运操作。
2. 主要内容：
(1) 高压开关设备投运前检查的主要内容及要求；
(2) 高压开关投运操作步骤和注意事项；
(3) 高压开关停运操作步骤和注意事项；
(4) 高压开关设备运行过程中巡视检查的内容及注意事项；
(5) 高压开关紧急停运的操作条件和要求；
(6) 操作记录要求。

四、低压开关室操作规程

1. 适用范围：低压开关室各开关设备的投运、停运操作。
2. 主要内容：
(1) 低压开关投运前检查的主要内容及要求；
(2) 站投运操作步骤和注意事项；
(3) 低压开关投运操作步骤和注意事项；
(4) 低压开关停运操作步骤和注意事项；
(5) 低压开关紧急停运的操作条件和要求；
(6) 站停运操作步骤和注意事项；
(7) 低压开关设备运行过程中巡视检查的内容及注意事项；
(8) 操作记录要求。

五、励磁室操作规程

1. 适用范围：励磁装置的投运、停运操作。
2. 主要内容：
(1) 励磁开关设备投运前检查的主要内容及要求；
(2) 励磁柜投运操作步骤和注意事项；
(3) 励磁设备投运后的检查内容；
(4) 励磁柜停运操作步骤和注意事项；
(5) 励磁控制设备主、从机切换运行的步骤及要求；
(6) 励磁开关设备运行过程中巡视检查的内容及注意事项；
(7) 操作记录要求。

六、行车操作规程

1. 适用范围:泵站行车操作运行。
2. 主要内容:
(1) 行车启用前相关检查内容;
(2) 行车送电步骤及注意事项;
(3) 起吊时挡位操作顺序及换挡要求;
(4) 行车工与挂钩工的相互配合要求;
(5) 起吊路线选择;
(6) 重吨位物件试吊要求;
(7) 行车突然停电应急处置;
(8) 反接制动相关工作要求;
(9) 起吊结束后工作要求。

七、空压机操作规程

1. 适用范围:泵站气系统空压机操作运行。
2. 主要内容:
(1) 空压机运行前相关检查内容;
(2) 空压机启动步骤及注意事项;
(3) 空压机运行过程中检查内容;
(4) 设备故障处置和紧急停机相关要求;
(5) 主、从机切换运行的步骤及注意事项;
(6) 空压机停运相关工作要求。

第五章　管理流程

流程化管理是将任务或工作事项沿纵向细分为若干个前后相连的工序单元，将作业过程细化为工序流程，然后进行分析、简化、改进、整合、优化，要注重流程管理的连续性、协调性，达到相互衔接、环环相扣的效果，保证工作有序高效地推进。流程主要采用线形图描述，将工作任务细分为若干步骤，再用流动方向的线条将各个步骤按先后顺序连接起来。流程化管理可以先在局部开始，然后逐步推广，也可以先找出最重要的、关系全局的局部流程，再加以改善。对流程要进行分析、研究、改进，去除不必要的、可有可无的环节，简化流程。

泵站管理要借鉴流程化管理方法，以流程规范固化管理行为，克服工作执行过程的随意性，实现工作从开始到结束的全过程闭环式管理。对规律性、程序性、重复性的工作编制流程图，形成完整的工作链，明确工作实施的路径、方法和要求。对控制运用、工程检查、工程观测、维修养护等典型工作编制作业指导书，以流程化管理为主线，明确工作的内容、方法、步骤、措施、标准和人员责任等，对工作开展进行全过程、全方位的指导，使工作过程更加可控、成效更有保证。

第一节 工作流程

泵站工程工作流程编制主要包括控制运用、工程检查、工程评级、工程观测、维修养护、安全生产、制度管理、档案管理、水政管理等方面。内容一般包括适用范围、工作职责、工作流程、注意事项和台账资料等。

一、控制运用流程

（一）适用范围

适用于泵站主体工程以及相关配套工程的调度控制运用。

（二）工作职责

1. 管理单位根据上级防汛调度部门的调度指令确定调度运行方案，下达给运行值班人员执行。

2. 运行值班人员在接到运行指令后，及时组织执行，按照操作规程和相关管理要求，进行泵站以及配套变电所、节制闸的投运、停运等操作，并密切关注工程设施状况以及水位、流量等变化。

3. 运行值班人员要做好调度指令执行情况记录，并及时将执行情况反馈给上级防汛调度部门。

（三）工作流程

流程一般包括指令执行、拟定调度方案、停送电操作、确定开机台数和具体机组、机组操作、回复调度指令执行情况。

1. 指令执行工作参考流程如图 5-1 所示。

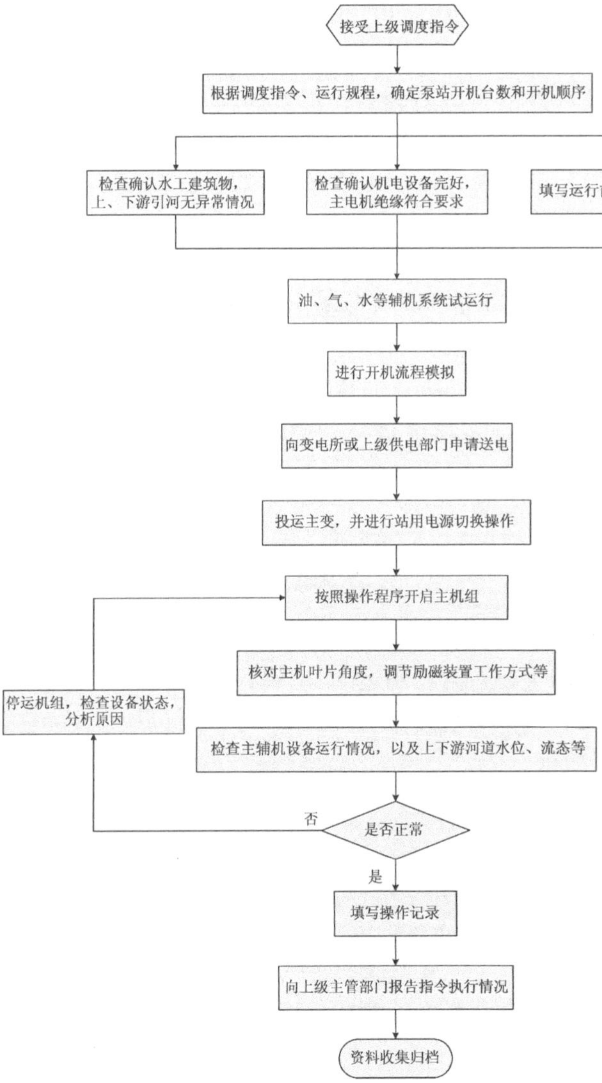

图 5-1　指令执行参考流程图

2. 运行值班管理工作参考流程如图 5-2 所示。

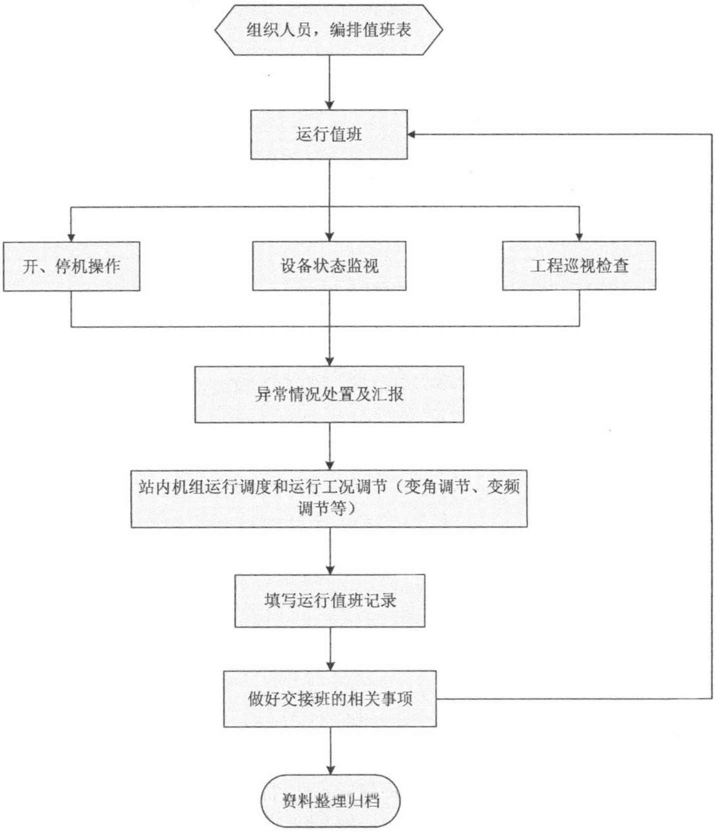

图 5-2　运行值班管理参考流程图

（四）注意事项

1. 控制运用应考虑泵站与其他相关工程的联合运行调度。

2. 在确定开机数量时应合理安排泵站机组开机台数、顺序。

3. 在满足供排水计划的前提下，通过站内机组运行调度和工况调节，改善进、出水流态，减少水力冲刷和水头损失。

4. 泵站设备在运行过程中，应密切监视机组运行状态，同时加强运行巡查，摘录运行的主要参数，发现异常及时排除，并报上级主管部门。

5. 投运机组台数少于装机台数的泵站，运行期间宜轮换开机。

6. 运行值班人员在交接班时应将调度指令执行情况、运行工况、机组运行状况、是否存在设备隐患等交接清楚。

7. 定期对运行资料进行汇总，并分析存在的问题，提高运行管理水平。

（五）台账资料

包括运行调度记录、交接班记录、技术参数记录、运行日志、操作票、其他相关记录等（部分表格参照附录 A 控制运用相关记录表式）。

二、工程检查流程

（一）适用范围

适用于泵站工程日常检查、定期检查、专项检查等工作。

（二）工作职责

1. 管理单位根据工程管理规程和管理技术细则，确定检查内容与频次；对于经常性检查，汛期一般由值班人员负责，非汛期一般由技术人员专人负责。

2. 对于汛前、汛后检查，管理单位要按照有关要求成立专门工作小组，分解工作任务、明确工作要求、落实工作职责，并加强检查考核。

（三）工作流程

检查流程一般包括发布通知、制订内容及计划、实施检查、填写记录表、形成报告、报上级主管部门、资料汇总归档等。

1. 日常检查参考流程如图 5-3 所示。

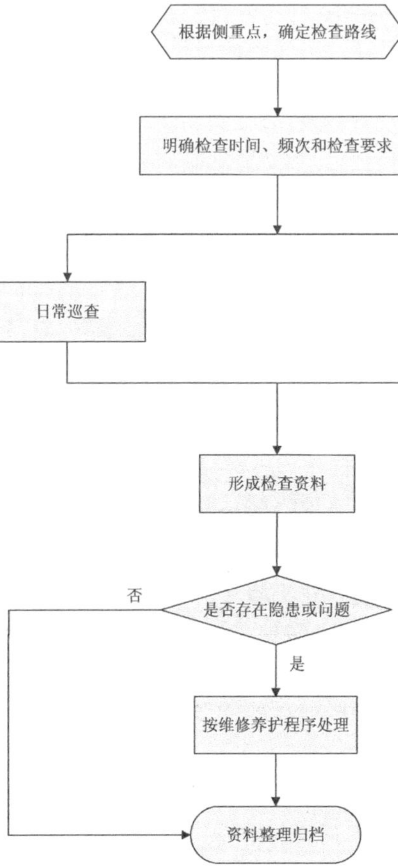

图 5-3　日常检查参考流程图

2. 汛前检查参考流程如图 5-4 所示。

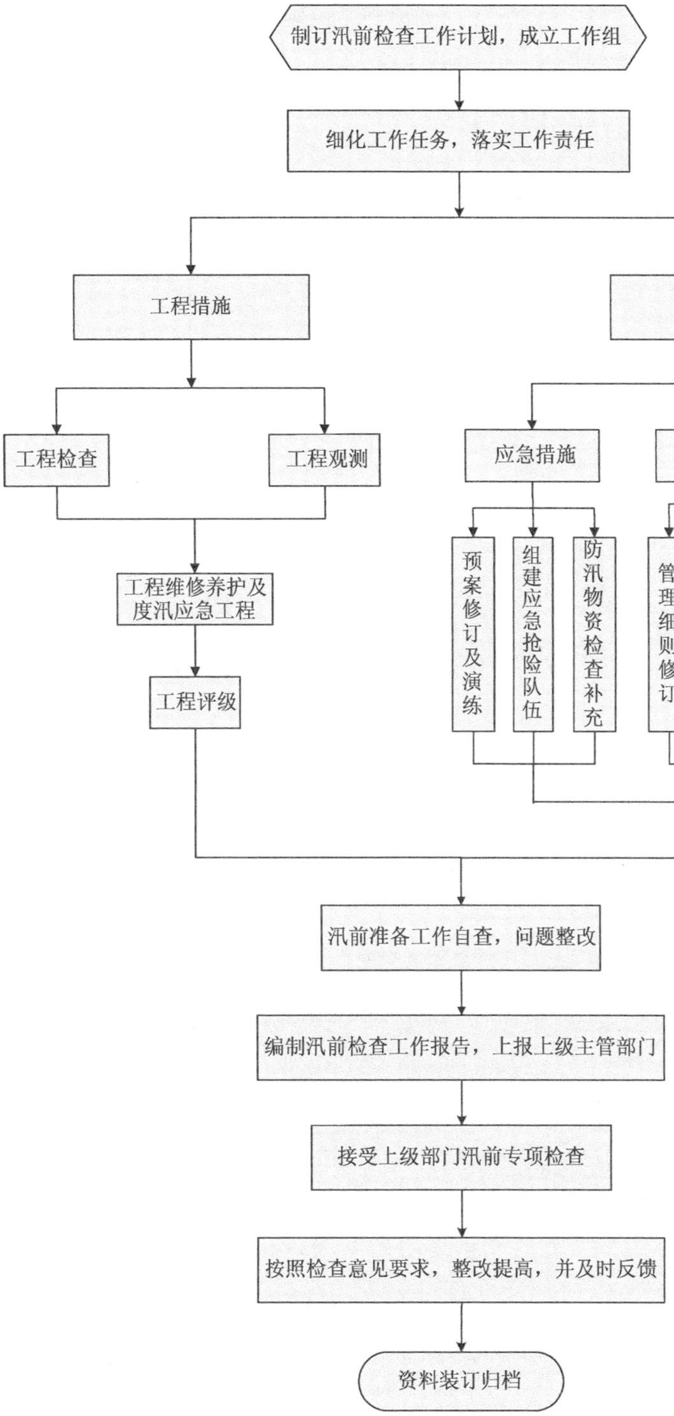

图 5-4　汛前检查参考流程图

3. 汛后检查参考流程如图 5-5 所示。

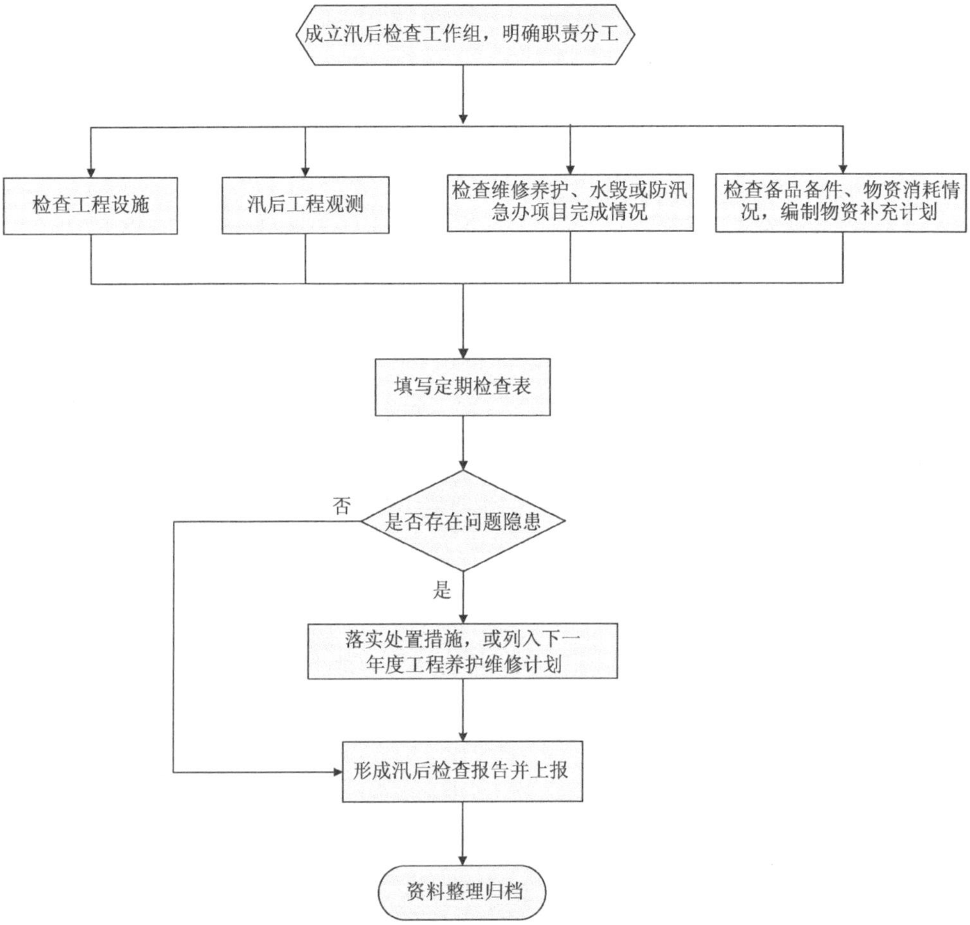

图 5-5　汛后检查参考流程图

4. 专项检查参考流程如图 5-6 所示。

（四）注意事项

1. 各类检查应根据相应的侧重点认真进行，检查内容要全面，数据要准确。

2. 对检查发现的安全隐患或缺陷，应及时组织进行维修处理。

3. 对影响工程安全度汛而一时又无法在汛前解决的问题，应制定好应急抢险方案，并上报上级主管部门。

4. 对汛前、汛后检查工作要编制定期检查报告和工作总结。专项检查可参照定期检查填写特别检查表，编制检查报告。

5. 对上级检查组提出的整改意见和建议，管理单位要限期落实整改到位，并及时上报整改情况。

6. 定期检查和专项检查报告要报送上级主管部门。

7. 应分类建立各类检查台账资料，归档保存。

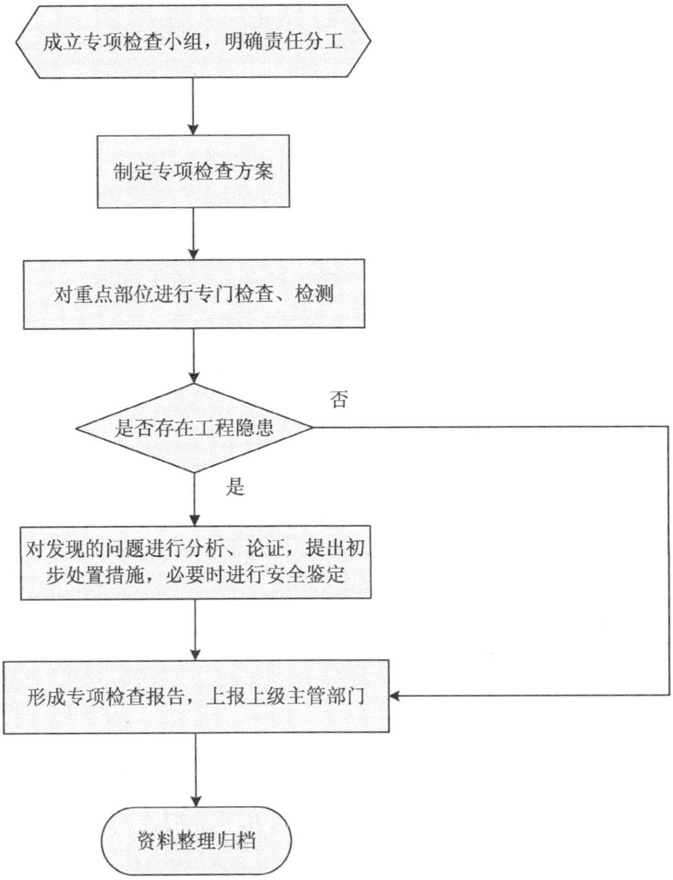

图 5-6　专项检查参考流程图

（五）台账资料

包括经常检查记录、定期检查报告、特别检查报告等(部分表格参照附录 B 工程检查相关记录表式)。

三、工程评级流程

（一）适用范围

适用于泵站工程评级工作。

（二）工作职责

1. 管理单位每年要组织对水工建筑物、机电设备进行评级。
2. 管理单位应成立评级工作小组，制定评级方案、明确评级范围和标准；评级完成后，进行总结。

（三）工作流程

工程评级流程一般包括成立工作小组、制定方案、管理单位评定，报上级主管部门认定、批复，对工程缺陷提出处置意见，工作总结，资料整理归档等。

工程评级参考流程如图 5-7 所示。

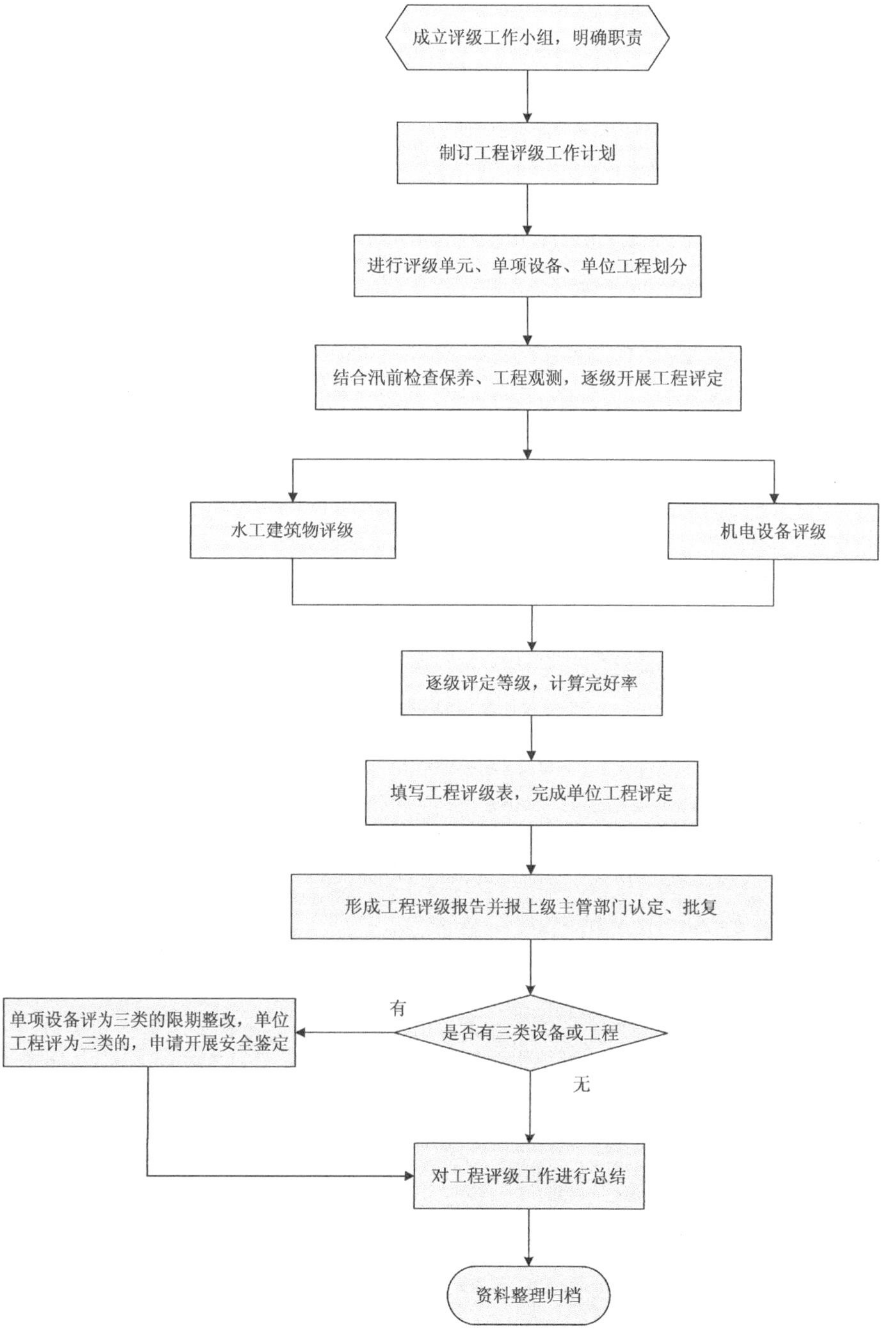

图 5-7　工程评级参考流程图

（四）注意事项

1. 管理单位应成立工程评级工作小组，做到事前有计划，事后有总结。

2. 工程评级宜结合定期检查进行；新设备投运后，应及时进行评级。

3. 评级工作按照评级单元、单项设备、单位工程逐级评定。

4. 从一类降为二类的，应及时采取检修、改造等措施恢复其原有等级，如不能恢复，应说明情况并报上级主管部门批准后降级使用。

5. 单项设备被评为三类设备的应及时整改，单位工程被评为三类单位工程的，应向上级主管部门申请安全鉴定，并落实处置措施。

（五）台账资料

包括建筑物评级表、设备评级表、工程评级总结等（部分表格参照附录C工程评级相关记录表式）。

四、工程观测流程

（一）适用范围

适用于泵站工程观测、观测资料整编及观测数据的分析。

（二）工作职责

1. 管理单位要按照上级批复的《观测任务书》组织开展工程观测工作。

2. 管理单位要安排专人负责观测工作，定期对工程进行观测。较复杂的观测任务，应根据工作需要，配备技术负责人、技术人员及其他配合人员进行观测工作。必要时可委托有资质的专业单位承担观测工作。

3. 观测人员要熟悉工程情况，掌握观测技术，对观测设备定期检查，确保其性能良好，随时可以投入使用。

4. 观测结果由观测人员进行计算、校核、分析、汇编，单位负责人或技术负责人组织进行初审后报上级主管部门。

（三）工作流程

工程观测流程一般包括提出《观测任务书》初步意见、观测任务书编制和批复、开展各类观测工作、资料计算整理、观测成果分析、成果上报主管部门、资料整编、资料审查、资料装订归档等。

1. 工程观测参考流程如图5-8所示。

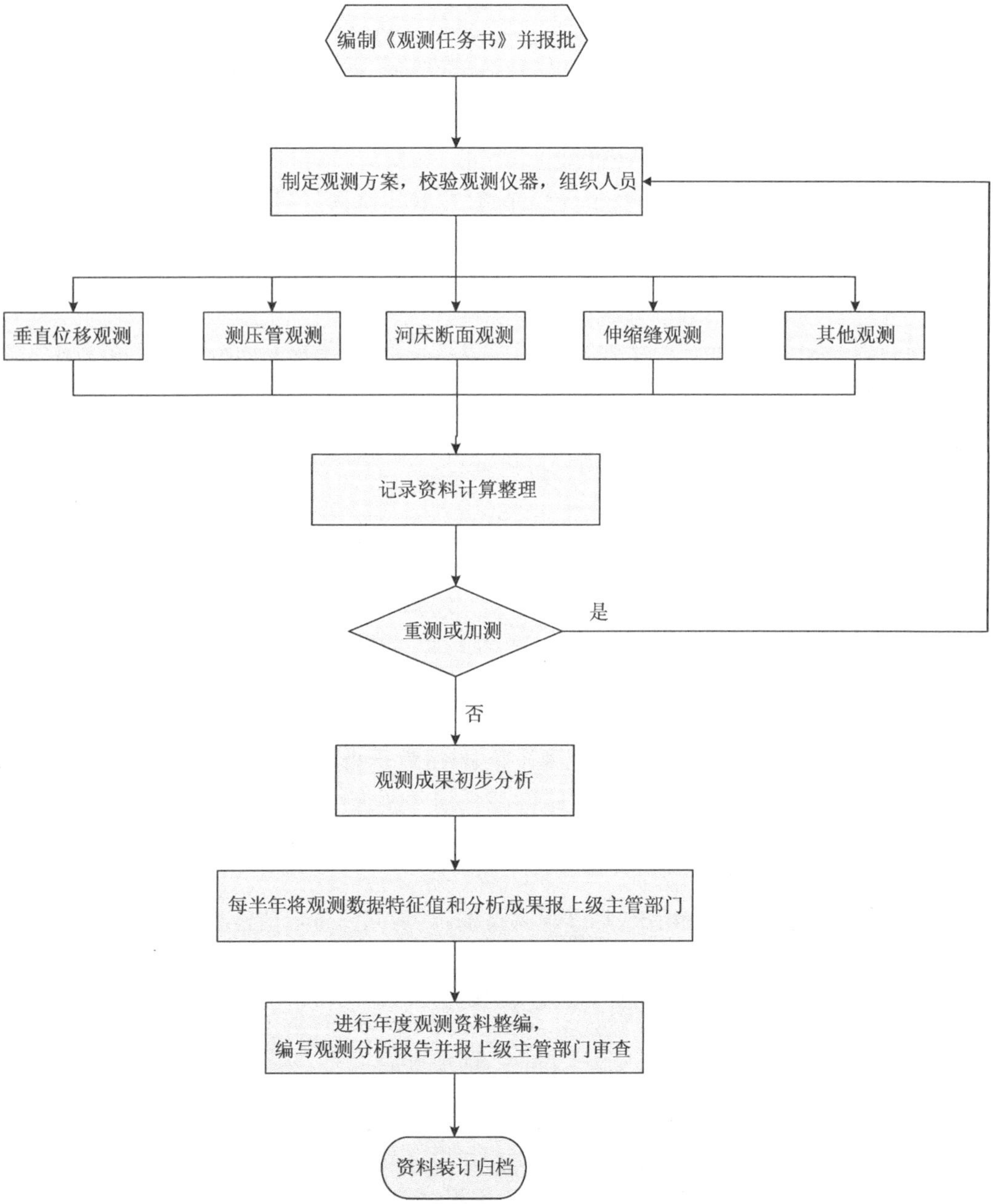

图 5-8　工程观测参考流程图

2. 垂直位移观测参考流程如图 5-9 所示。

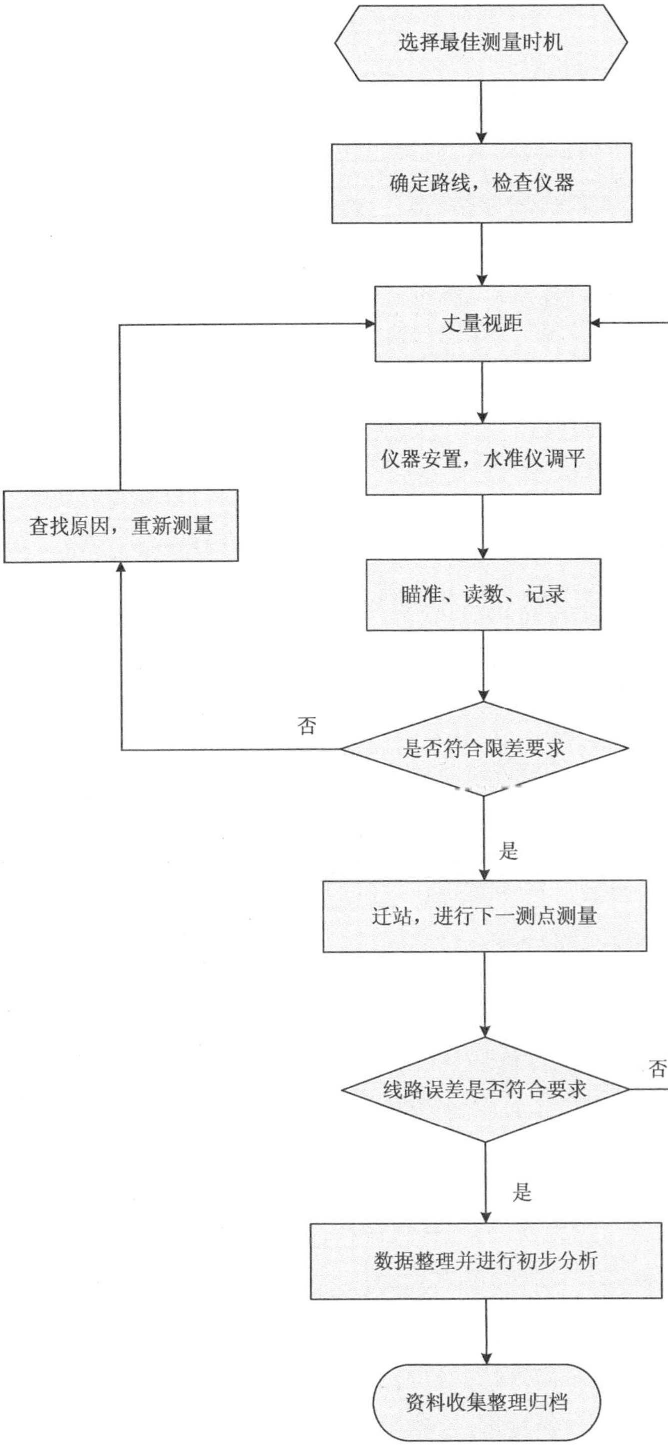

图 5-9　垂直位移观测参考流程图

3. 测压管观测参考流程如图 5-10 所示。

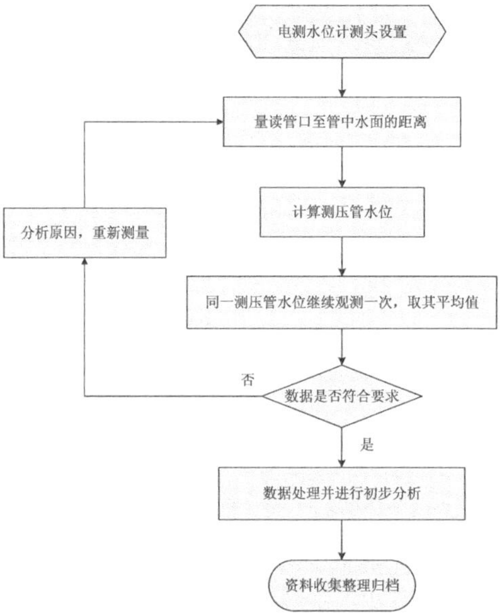

图 5-10　测压管观测参考流程图

4. 河床断面观测参考流程如图 5-11 所示。

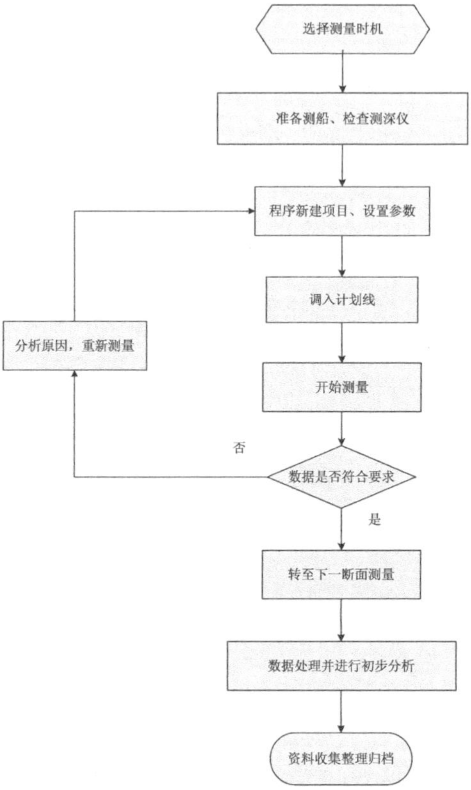

图 5-11　河床断面观测参考流程图

（四）注意事项

1. 根据工程的结构布局、地基土质、已有的观测设施、观测手段和工程控制运用中存在的主要问题等提出观测项目的初步意见，报上级主管部门审批。

2. 观测工作应保持系统性和连续性，按照规定的项目、测次和时间进行现场观测。

3. 观测设备均应符合国家标准或部颁的现行技术标准，相关检测资料齐全。

4. 垂直位移观测应选择合适的时间，日出后与日落前 30 min 内、太阳中天前后各约 2 h 内、标尺分划线的影像跳动而难于照准时、气温突变时、风力过大而使标尺与仪器不能稳定时，不得进行观测。

5. 如因工程维修或施工需要移动垂直位移观测标点时，应在原标点附近埋设新点，对新标点进行考证。

6. 年底应对本年度观测资料进行整编，并将整编成果报上级主管部门审查。

7. 观测成果与以往成果比较，变化规律、趋势应合理；如出现异常，应加强分析，必要时进行复测，找出原因。

8. 对发现的问题要落实处理措施，制定的应急预案要针对具体问题，可操作性要强。

（五）台账资料

包括垂直位移观测记录资料、测压管水位观测记录资料、河道断面观测记录资料、伸缩缝观测记录资料、工程观测总结、裂缝观测资料、工程运用情况统计表、水位统计表、流量统计表、引排水统计表、工程大事记等（部分表格参照附录 D 工程观测相关记录表式）。

五、维修养护流程

（一）适用范围

适用于泵站的工程养护、工程维修和项目管理等。

（二）工作职责

1. 维修养护项目实行统一管理、分级负责的原则。管理单位对维修养护项目组织实施全过程进行专业化的管理。

2. 管理单位应加强对所管工程建筑物、机电设备及附属设施等的检查，根据发现的问题编制维修养护计划，报上级批准后组织实施，并接受上级主管部门的督查指导。

3. 项目管理单位主要负责人为项目第一责任人，按工程维修养护管理办法全面负责项目实施的质量、安全、经费、工期、资料档案管理。

4. 项目管理单位主要职责为编制上报季度养护计划、组织实施养护项目，编制上报年度维修项目，提交开工、验收申请报告，负责项目施工质量、进度、资金以及安全管理，负责及时填写与整编项目管理卡。

（三）工作流程

流程一般包括分析运行资料、检查资料、安全鉴定资料、工程观测资料等，编制维修养护项目计划，项目计划批复，组织实施，填写实施记录，完成项目管理卡，上报资料，台账整理等。

1. 工程养护项目管理参考流程如图 5-12 所示。

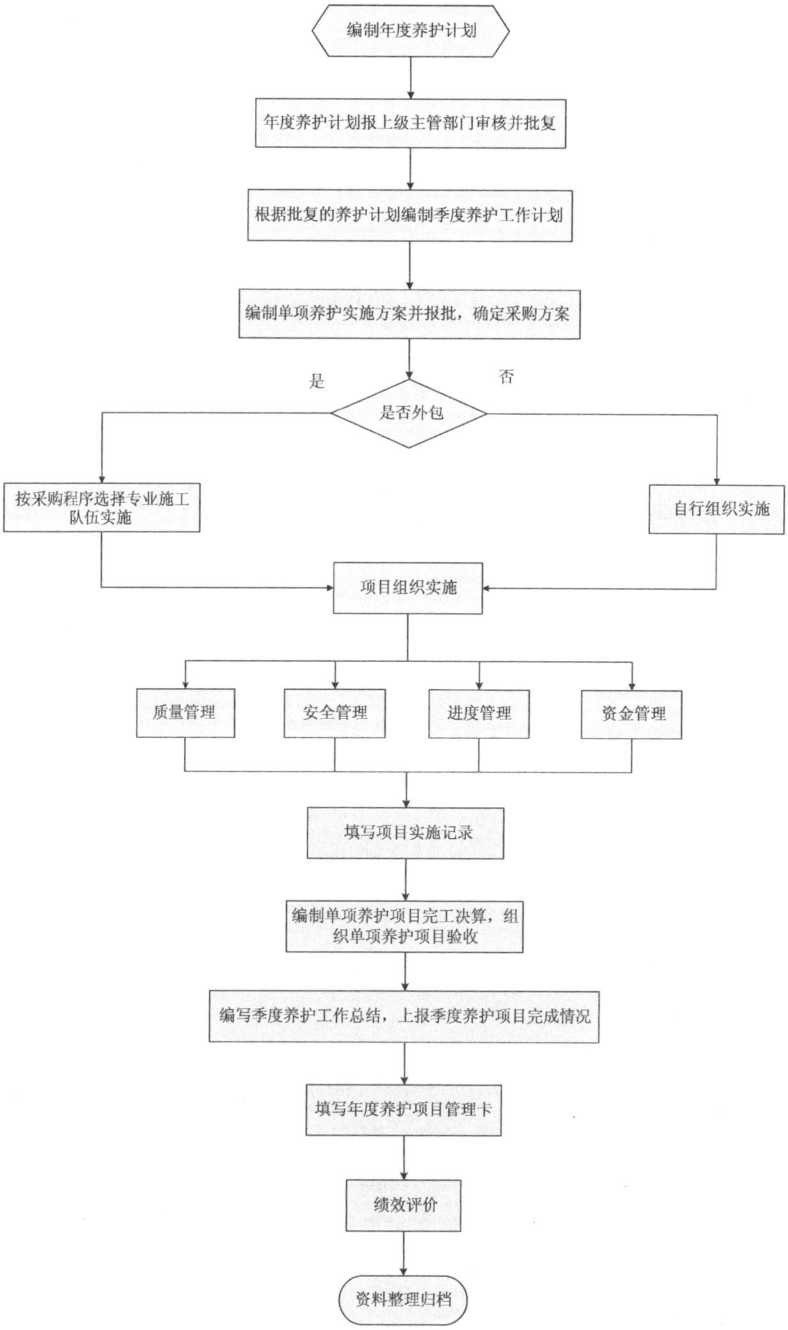

图 5-12　工程养护项目管理参考流程图

2. 工程维修项目管理参考流程如图 5-13 所示。

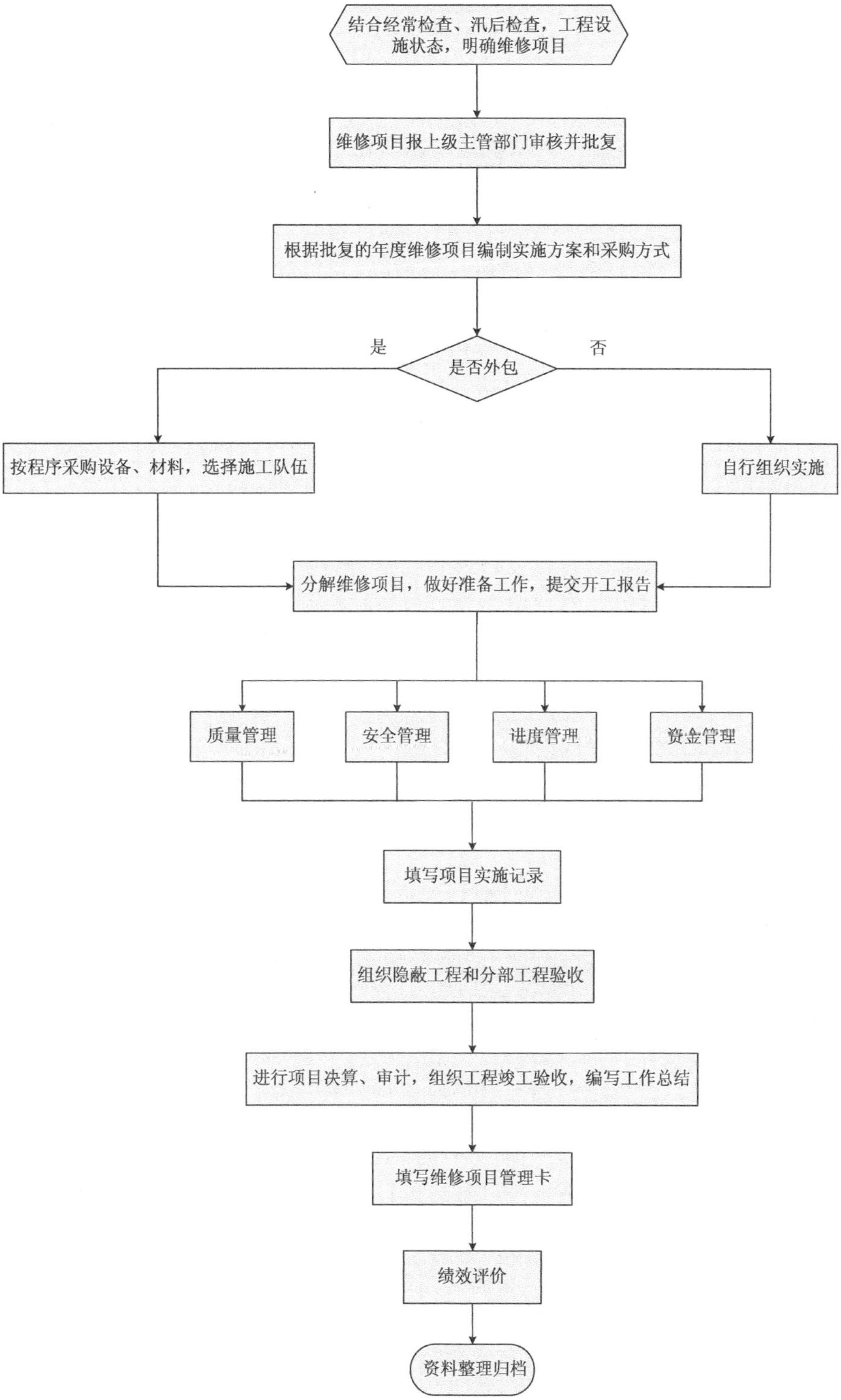

图 5-13　工程维修项目管理参考流程图

3. 主机组大修参考流程如图 5-14 所示。

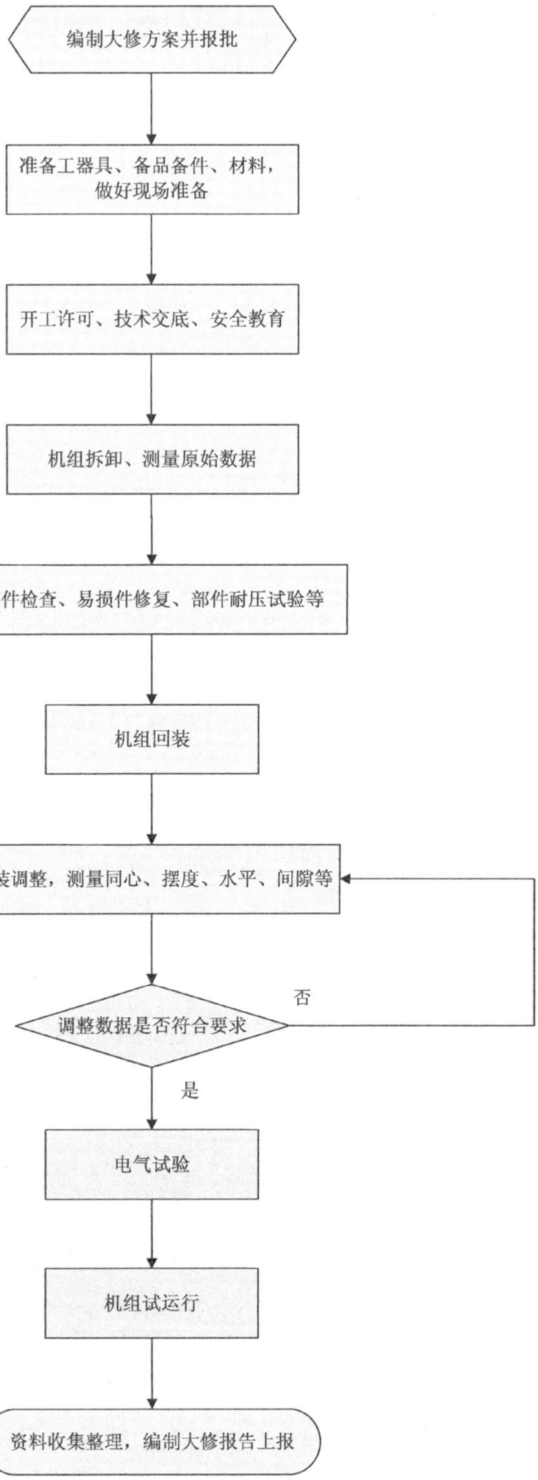

图 5-14　主机组大修参考流程图

（四）注意事项

1. 维修养护项目实施应实行项目负责制、合同管理制、开工备案制、竣工验收制等制度。

2. 管理单位应成立专门的项目管理工作组，对项目实施的进度、质量、安全、经费及资料档案进行管理。

3. 管理单位应强化项目过程控制，开展工程质量、进度、安全、资金、档案等方面的跟踪和督查。

4. 设备检修应编制相应的作业流程，明确工艺、标准及要求等。

5. 检修人员在检修前应熟悉对应检修流程，每项工作完成后应做好检修记录。

6. 检修设备需要试运行的应在检查检修内容、检查质量、检测记录和有关资料达到规定的要求后进行。

7. 养护维修项目完工后，应及时组织竣工验收。

8. 养护维修项目验收合格后，设备检修记录、试验报告、试运行报告和技术总结等技术资料应及时整理归档。

（五）台账资料

包括工程保养、检修记录，设备登记卡，设备缺陷登记卡，主机组大修报告书，主变大修报告书，电气设备、辅助设备、金属结构大修总结报告，维修项目管理卡，养护项目管理卡等（部分表格参照附录E工程维修养护相关记录表式）。

六、安全生产流程

（一）适用范围

适用于泵站安全生产检查、突发事件应急处置、危险源辨识和风险评价、安全鉴定等工作。

（二）工作职责

1. 管理单位应健全安全组织网络，明确职责，健全制度，推进标准化建设。

2. 管理单位应严格执行安全生产管理法规，按照要求开展安全生产活动。

3. 根据相关要求，组织开展汛前汛后安全检查、重大节日安全检查以及其他专项安全检查等。

4. 组织开展安全生产宣传教育活动，对新职工进行“三级教育”。

5. 按照安全管理要求落实好各类安全措施，开展安全隐患排查和专项整治，确保安全设施完好，及时消除安全隐患。

6. 成立应急处置组织机构，建立应急抢险队伍，并加强单位、部门间的协作，有效应对各类突发事件。

7. 规范特种设备和特种作业人员的管理，做到设备定期检测合格，人员持证上岗。

8. 按照规定及时组织开展工程安全鉴定。

（三）工作流程

1. 安全检查流程一般包括制订安全生产检查计划、开展安全生产检查活动、填写检查记录、发现问题及落实整改措施、形成书面报告、检查资料归档等。

安全检查参考流程如图 5-15 所示。

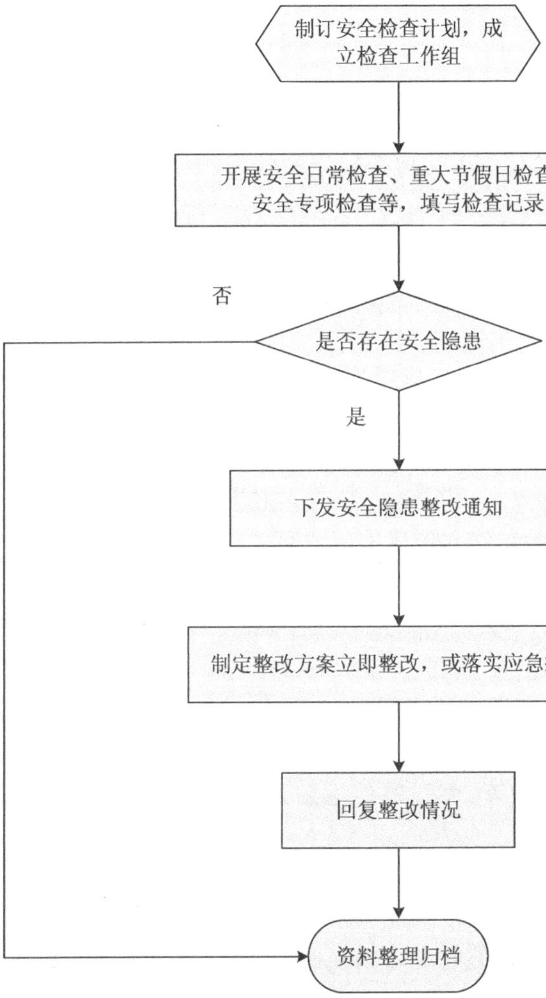

图 5-15　安全检查参考流程图

2. 险情处置流程一般包括确认事件性质、启动应急预案、事件处置、总结经验教训、资料收集整理等。

险情处置参考流程如图 5-16 所示。

3. 危险源辨识和风险评价流程一般包括制定工作方案、现场辨识、重大危险源辨识、一般危险源风险评价、建立专项档案、形成危险源辨识和风险评价报告并上报、资料整理归档等。

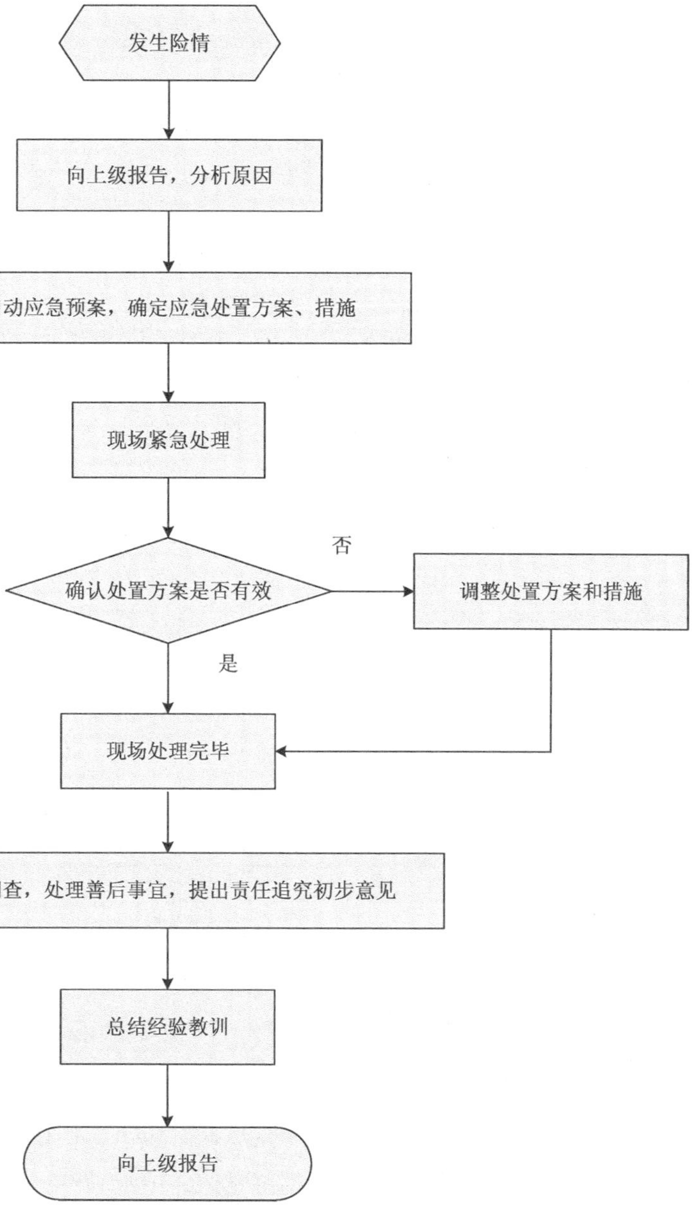

图 5-16 险情处置参考流程图

危险源辨识和风险评价流程参考流程如图 5-17 所示。

4. 安全鉴定流程一般包括制订计划、现场检查、安全检测、安全复核计算分析、安全评价、形成安全鉴定报告书、成果报批、资料整理归档等。

安全鉴定参考流程如图 5-18 所示。

（四）注意事项

1. 安全生产日常检查每月应开展 1 次，对检查中发现的不安全因素应及时解决。

2. 元旦、春节、五一、国庆、中秋等重大节假日及安全生产月期间组织开展安全生产大

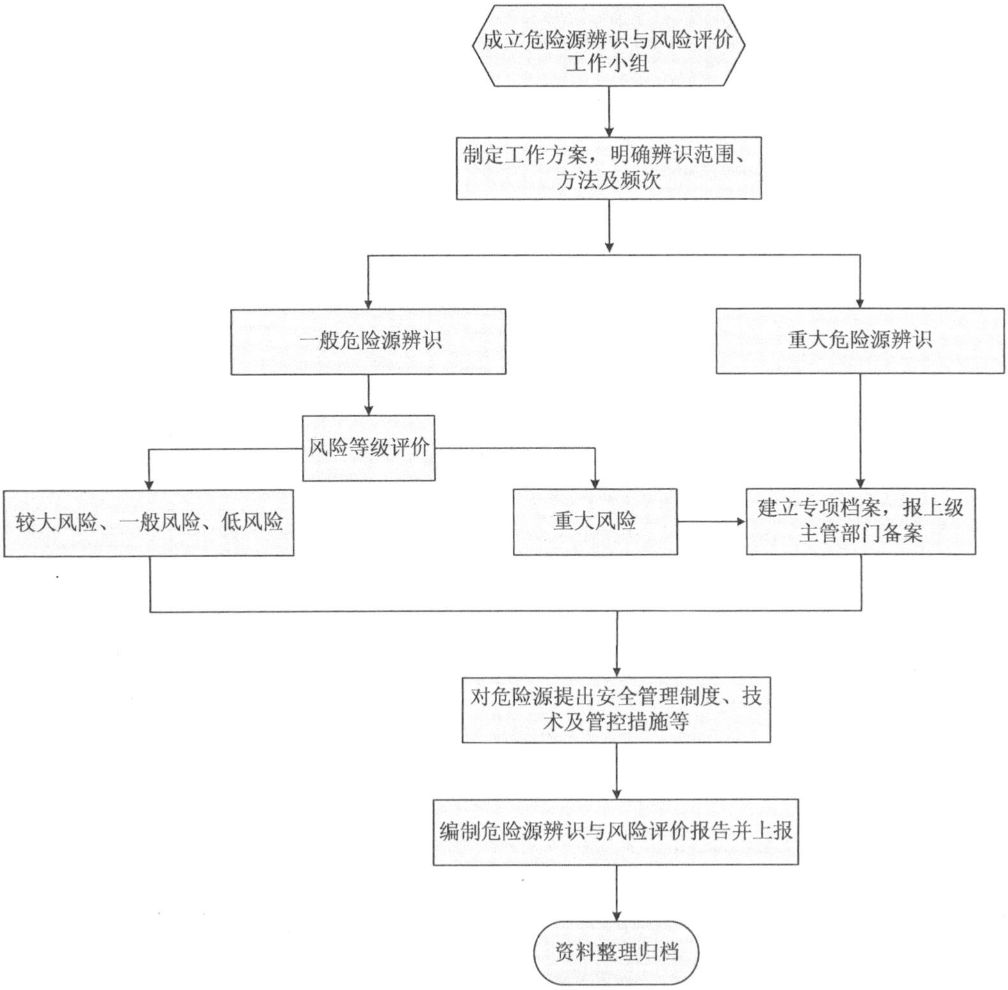

图 5-17　危险源辨识和风险评价参考流程图

检查活动，重点检查工程安全运行、防火防盗、交通、卫生等情况。

3. 夏季及冬季应做好专项检查工作，夏季重点检查防汛工作、食堂卫生及防暑降温工作开展情况，易燃易爆物品的管理等；冬季重点做好防火防盗、防冻防凌及冰雪天气交通安全管理工作等。

4. 工程运行期间应重点加强工程设施的检查、“两票三制”执行情况的检查及值班管理制度执行情况的检查等。

5. 施工期间应明确施工负责人的安全职责，施工现场设安全员，做好施工作业环境、设备、工器具、保安措施等的检查。

6. 管理单位应结合单位实际，根据工程运行情况和管理特点，科学、系统、全面地开展危险源辨识与风险评价，重大危险源和风险等级为重大的一般危险源应建立专项档案，并报上级主管部门备案。

7. 安全鉴定工作要按照规定的时间、程序进行。

8. 鉴定为二类工程的编制维修方案，三类工程编制除险加固计划，四类工程申请降低

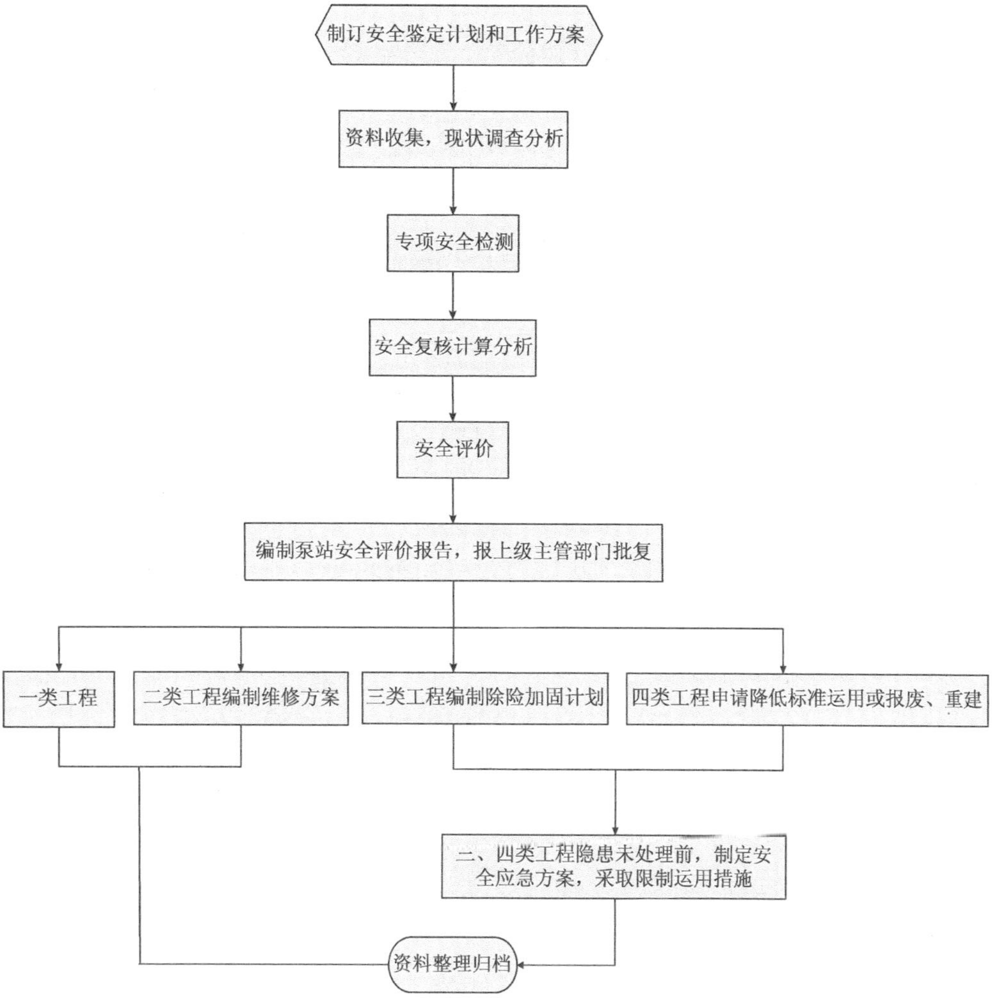

图 5-18　安全鉴定参考流程图

标准运用或报废、重建。

9. 三、四类工程未处理前，应制定安全应急方案。

（五）台账资料

包括安全生产检查记录、安全会议记录、危险源辨识与风险评价资料、隐患整改记录、检查总结、安全标准化建设台账资料、安全鉴定资料等（部分表格参照附录 F 安全生产相关记录表式）。

七、制度管理流程

（一）适用范围

适用于泵站管理单位制度管理工作。

（二）工作职责

管理单位应建立健全并严格执行控制运用、检查评级、工程观测、维修养护、安全生产等相关工作制度，按照制度管人管事，不断完善制度体系。

（三）工作流程

制度管理流程一般包括各类规章制度的制定、培训、执行、评估、持续改进等工作。

制度管理参考流程如图 5-19 所示。

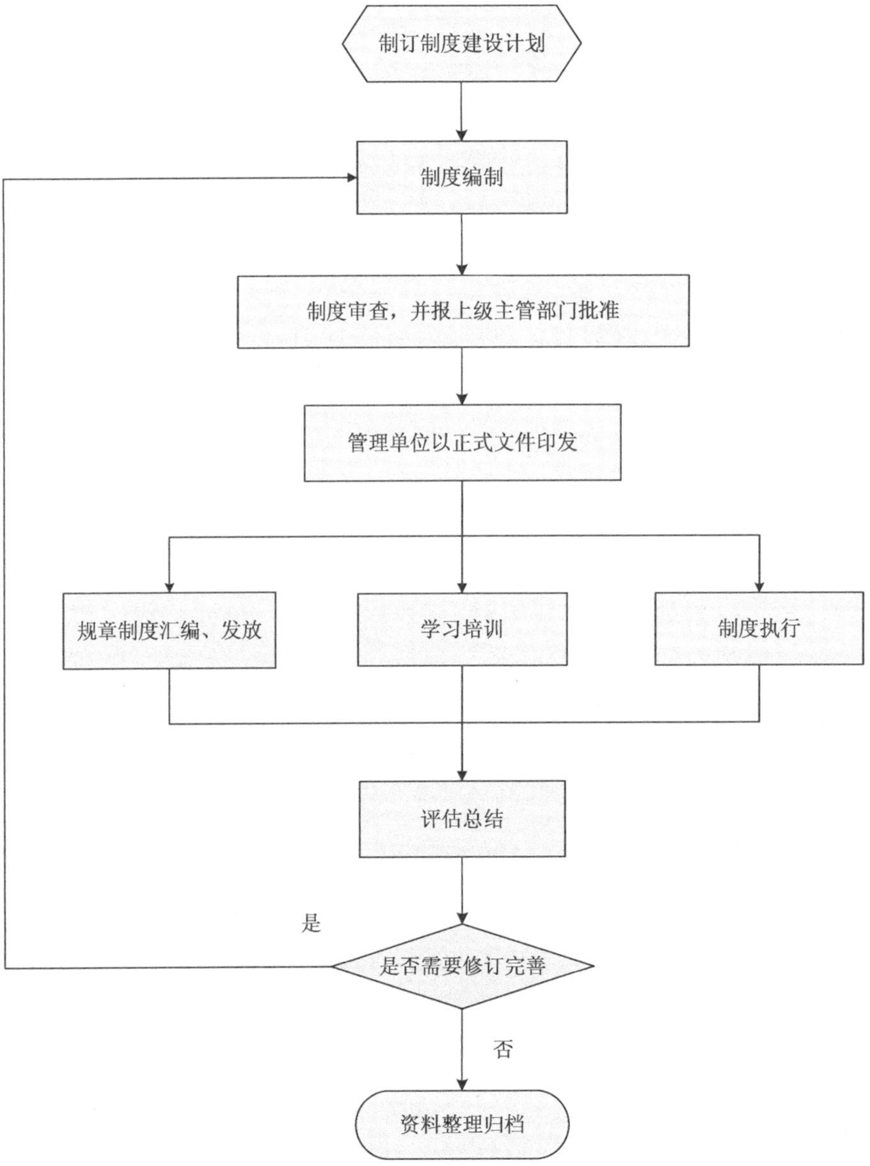

图 5-19　制度管理参考流程图

（四）注意事项

1. 下级制度不得与上级制度相抵触，与同级有关制度规章相协调。

2. 制度要切合实际，力求完整、合理，形成体系，针对性和可操作性强。

3. 文字表达应准确、简明、易懂、逻辑严谨，制度术语、符号、代号应统一，并与其他的相关管理制度相适应。

4. 规章制度应经上级主管部门审核、签发后，以正式文件发布实施。

5. 应加强对制度适用性、有效性和执行情况检查评估，及时修订完善，并持续改进。

（五）台账资料

包括规章制度汇编、学习培训资料、评估资料、修订记录等。

八、档案管理流程

（一）适用范围

适用于泵站管理单位档案资料收集、整理、归档等工作。

（二）工作职责

1. 管理单位应配备专人负责档案管理工作

2. 定期将本年度所有的试验记录、运行记录、检修记录等装订成册，保证资料的完整性、正确性、规范性。

3. 人员变动时应按目录移交资料，并在清单上签字，同时得到单位领导认可，不得随意带走或散失。

（三）工作流程

档案管理流程一般包括档案归档、档案保管、档案借阅等。

档案管理参考流程如图 5-20 所示。

（四）注意事项

1. 归档的科技文件须由文件形成单位或部门指定专人进行收集整理后，按规定移交或自行归档。

2. 对于控制运用频繁的泵站，运行资料整理与整编宜每季度进行 1 次；对于运用较少的泵站，运行资料整理与整编宜每年进行 1 次。

3. 对已接收或整理后的科技档案，本着便于保管、方便利用的原则，进行分类、编目、登记，放置在专门的档案柜内，应做到排列整齐有序，并由专人保管。

4. 建立健全科技档案借阅、登记制度，档案借阅时需办理借阅登记手续，填写借阅登记表。

5. 建立健全科技档案鉴定、销毁制度。

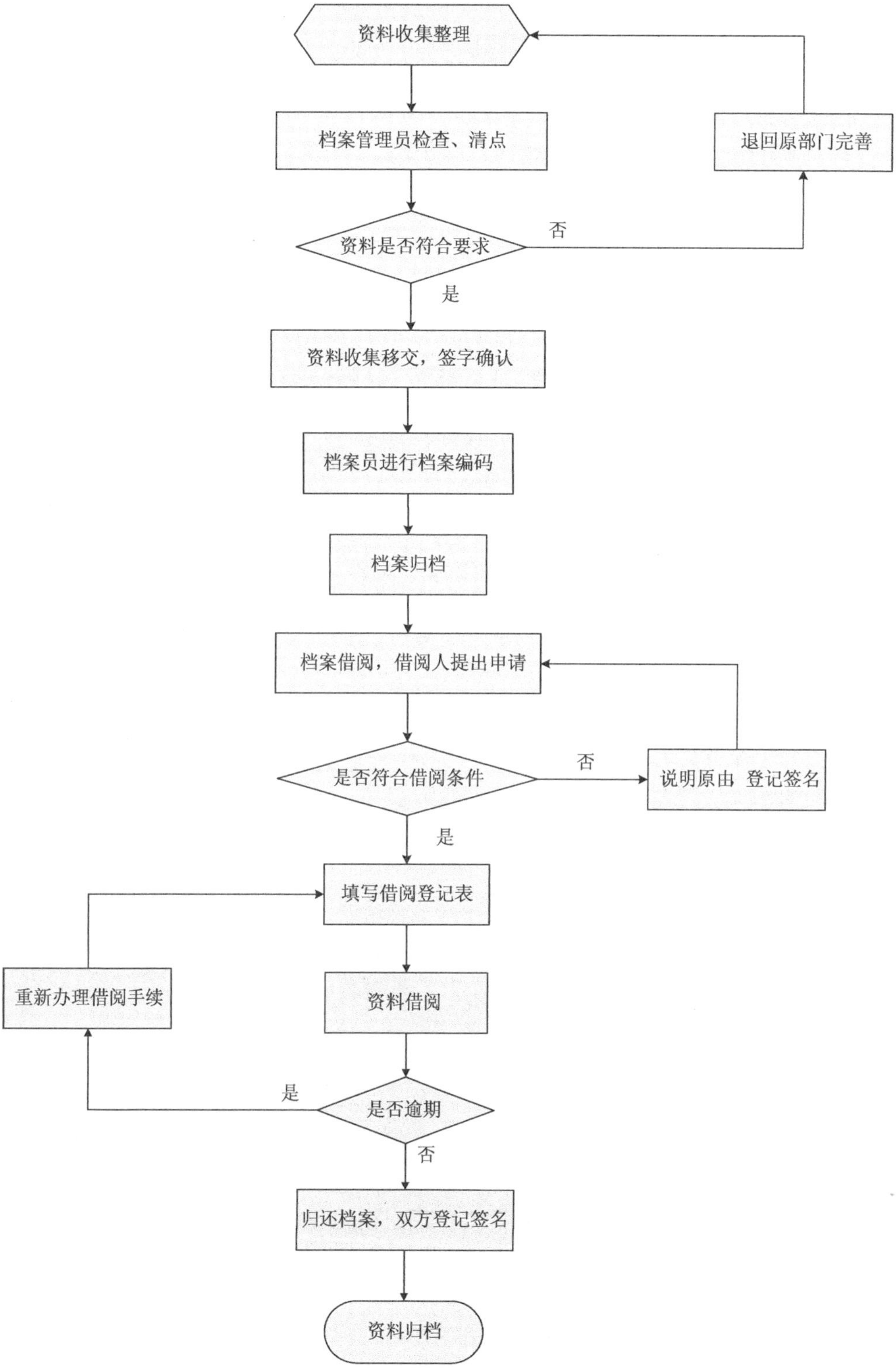

图 5-20　档案管理参考流程图

6. 积极推行档案管理电子化。

（五）台账资料

包括全引目录、案卷目录、档案借阅记录、档案销毁记录、档案室温湿度记录等（部分表格参照附录G档案管理相关记录表式）。

九、水政管理流程

（一）适用范围

适用于泵站管理单位水行政执法巡查、涉水项目监管等。

（二）工作职责

1. 管理单位要建立水行政管理部门和专职水政监察队伍，负责本单位水行政管理工作，管理单位负责对水政监察队伍的执法巡查情况进行监督检查。

2. 水行政执法人员主要对水工程、水域、河道堤防等进行检查，重点检查是否存在危害水工程安全、破坏或者擅自占用水域或河道堤防、超范围或者未按许可实施涉水建设项目、破坏水资源等违法行为。

3. 巡查采用日常巡查与重点巡查相结合的方式。可根据各类水事行为的特点设定巡查频次，对已经发生或者极易发生水事违法行为的重点区域应当增加巡查次数，必要时可开展联合执法巡查。

4. 巡查人员对水事活动实施检查，应主动出示执法证件，严格按照法定权限和程序办事。

5. 对巡查中发现的各类水事违法行为应及时处理。对特别紧急的水事违法案件应及时报上级主管部门。重大水事案件应当逐级上报。

6. 执法巡查中要加强水法规宣传，做到巡查和宣传相结合。

（三）工作流程

1. 水政巡查流程一般包括制定方案、明确巡查人员、实施巡查、处理违法行为和整理巡查记录归档等。

水政巡查参考流程如图5-21所示。

2. 涉水建设项目监管流程一般包括建设项目初审、转报审批、实施检查监督、对超过许可的建设行为进行处理、资料整理归档等。

涉水建设项目监管参考流程如图5-22所示。

（四）注意事项

1. 应制定年度巡查方案，包括巡查范围、内容、频次、路线、要求、责任人和相关责任等。

2. 执法巡查不得少于2人，巡查时要携带执法证件、执法记录仪、调查取证工具、通信工具和必要的空白执法文书等。

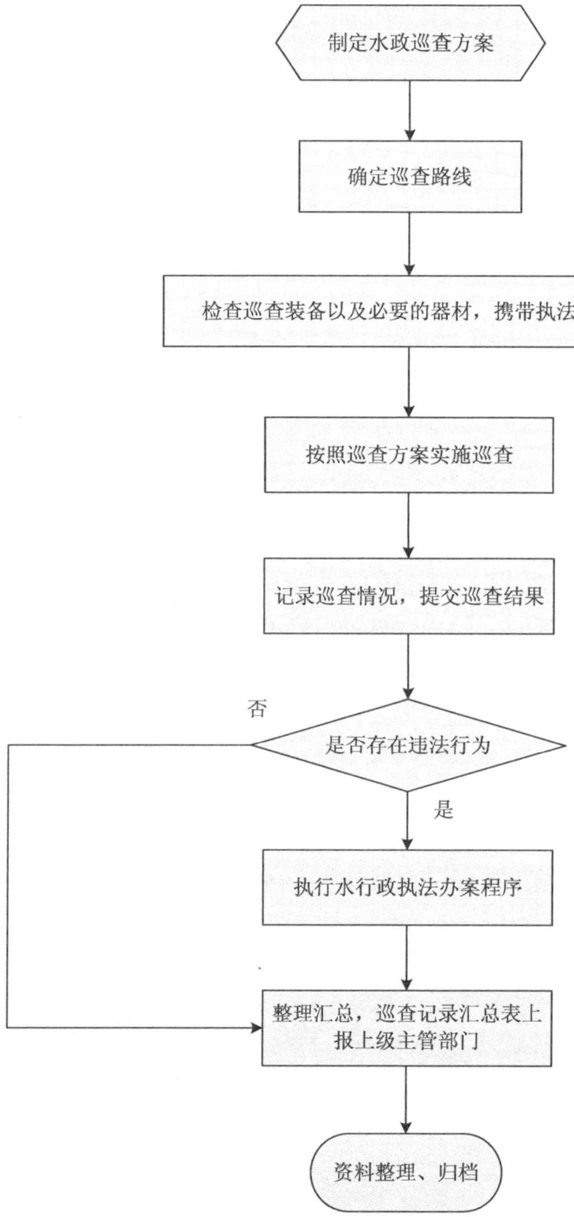

图 5-21　水政巡查参考流程图

3. 执法人员在巡查过程中应注意对现场情况的记录，必要时采取拍照、摄像记录现场情况，并将现场图片反映到巡查记录中。

4. 发现违法水事行为应注意及时收集证据，严格遵照水法律法规的程序规定进行现场调查和勘验。

5. 执法人员对巡查中发现的各类水事违法案件应及时处理。一般性问题，应当场制止，责令其整改。

6. 执法巡查应建立台账，巡查人员应及时填写巡查记录，详细说明巡查人员、路线、内

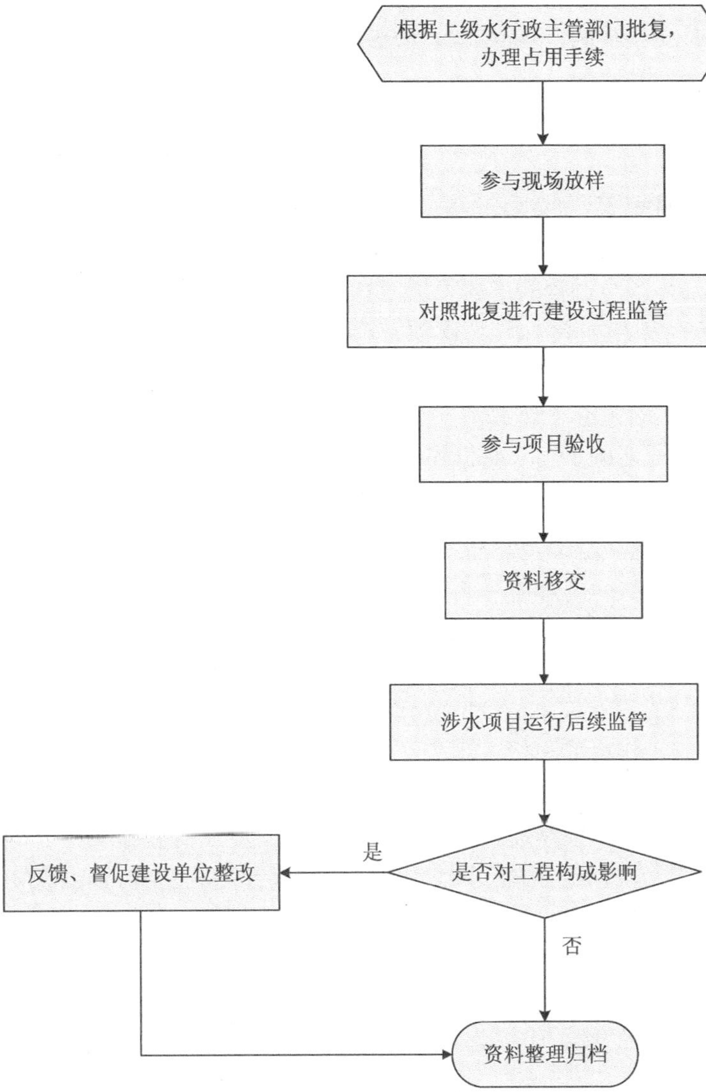

图 5-22 涉水建设项目监督管理参考流程图

容、发现的问题及处理情况等。执法部门应指定专人负责执法数据的统计和上报工作。

（五）台账资料

包括执法巡查记录、建设项目管理情况统计表、水行政执法巡查月报、宣传安全标牌检查维护记录表等(部分表格参照附录 H 水政管理相关记录表式)。

第二节 作业指导书

作业指导书可帮助管理人员全面快速地了解某项工作的业务知识和全过程管理要求，

指导工作规范开展。作业指导书编制坚持“一站一事一册”，要以单座工程为单位，对工程控制运用、工程检查、工程观测、工程维修养护等典型工作编制作业指导书，也可将典型工作分解细化成若干个相对独立的分项工作，分别编制相应的作业指导书，并根据实际需求不断向其他工作拓展延伸。作业指导书应按规定的程序审核。

一、作业指导书编制参考要点

作业指导书要体现全过程管理的思想，明确单项工作实施过程的作业任务及职责分工、标准要求、作业流程及方法步骤、注意事项、资料台账等，以工作流程为主线集合成作业指导文件。对单项工作涉及的内容要全面具体，尽量数字化、图表化，文字简练、格式统一。作业指导书具体章节可结合实际工作编排。

1. 适用范围。要明确本项作业指导书适用的具体工程、具体工作。

2. 编制依据。要说明本项作业指导书编制参考的相关标准、办法、制度、设计文件等。要列出参考依据的技术文件名称及编号或发布时间等。

3. 基本情况。要说明工程的基本概况，包括规划建设、管理、加固改造、作用、效益等，重点说明与本项作业相关的工程情况、技术参数、特征值、管理特点及特定要求等。

4. 管理任务。说明本项作业涉及的工作任务、具体内容、时间频次等，同时，要明确本项作业的职责分工、责任主体，以及如何组织实施，让管理者明白工作职责所在。

5. 管理标准。工作标准和相关技术要求是开展本项作业的重要依据，作业指导书应将标准要求体现在作业全过程之中，并进行细化、量化。

6. 管理流程。结合本项作业从开始到结束全过程涉及的分项工作、作业环节及程序，明确本项作业的主要流程，绘制流程图。同时，要与流程图相对应，详细说明本项作业的工作方法和步骤，尽量以图文并茂的方式表述。

7. 管理制度。要说明本项作业应遵循的规章制度、操作规程等。

8. 注意事项。要重点说明本项作业过程中需要注意的相关事项和处置措施，尤其是涉及运行安全、个性化的管理要求要特别说明。注意事项可以在不同工作环节或步骤中分别说明。

9. 台账资料。要明确本项作业需要形成的相关台账资料、格式要求，以及整理归档的要求等。

二、典型工作作业指导书

泵站工程一般以单座工程为单位，对工程控制运用、工程检查、工程观测、工程维修养护等单项工作编制作业指导书，也可将典型工作分解细化，分别编制相应的作业指导书，并根据实际需求不断向其他工作拓展。

（一）控制运用作业指导书

1. 适用范围

控制运用作业指导书用于指导泵站工程调度管理、运行操作、运行值班管理等全过程管理。

2. 编制依据

本作业指导书编制的主要依据是与控制运用相关的泵站管理规程、泵站运行管理规程以及技术管理细则、规章制度与操作规程、工程设计文件等。要列出参考依据的技术文件名称及编号或发布时间等。

3. 基本情况

包括泵站建成时间、泵站规模、泵房主体结构、主机泵型号、泵站流量、设计扬程、主要机电设备技术参数和泵站运行特征值等，工程基本情况尽量以图表形式表达。与控制运用相关的情况要特别说明。

4. 工作任务及职责分工

控制运用工作任务主要包括工程调度管理、设备操作和运行值班等。

(1) 调度管理主要说明调度指令接收、执行的工作内容。

(2) 设备操作主要说明泵站执行站投运，主机泵开机、停机，优化调度，站停运时所进行的主要操作内容。

(3) 泵站运行值班主要明确岗位职责。运行期间泵站一般设总值班，每运行班设一名值班长，配备 1～2 名值班员，负责日常运行值班工作。并由负责人或技术人员负责检查监督各运行班的安全运行情况，对运行资料进行检查、分析、管理等。

5. 控制运用要求

参照控制运用工作标准和规章制度等相关内容，主要说明调度指令执行要求、运行操作原则、运行操作具体要求、运行操作依据等。

(1) 泵站管理单位应根据泵站规划设计的工程特征值，结合工程现状确定有关指标，作为控制运用的依据。

(2) 泵站值班人员要了解工程的设计功能以及其所在流域的作用，能熟练操作各项设备，并具有应急处置工程突发事件的能力。

6. 运行操作流程及步骤

梳理说明运行操作流程，绘制流程图。与流程图相对应，说明运行操作的具体步骤，操作步骤要详细具体，表达清晰，可采用现场实物图片配以文字说明方式描述。

(1) 投运前检查准备分别对上下游引河、水工建筑物、检修闸门位置、主机组、电气设备、辅机设备等进行检查，确认是否具备投运条件。

(2) 泵站主变投运、主机开机操作、停机操作，应结合具体操作票的顺序，详细说明每一步操作的设备、按钮、开关的位置，操作要求以及操作完毕后设备的状态。

(3) 对操作过程中需要特别注意的事项，可在相应的操作步骤下方详细注明。

7. 运行巡查

(1) 值班人员运行期间应密切关注机组运行工况，实时监视各设备运行参数。

(2) 运行人员值班期间，应按规定的巡查路线和项目进行认真的巡查，每班值班期间对全部设备巡查应不少于 4 次，遇特殊情况应增加巡视次数。

(3) 应详细说明水工建筑物、主机泵、主变压器、高低压电气设备、辅机设备、金属结构部分巡查的时间、路线、内容和要求。

(4) 涉及高压电气设备巡查的，应详细说明巡查安全距离和注意事项。

(5) 详细说明泵站优化运行的操作步骤、工作要求和注意事项。

8. 运行值班

(1) 应详细规定运行值班相关要求和运行值班纪律要求。

(2) 明确交接班的相关内容和注意事项。

(3) 规定运行值班场所运行资料、运行记录等的管理要求和值班场所环境卫生要求。

(4) 说明重要操作、事故处理等特殊情况下的交接班要求。

9. 管理制度

说明控制运用应遵循的规章制度、操作规程等，主要有：调度管理制度、操作票制度、运行值班制度、运行现场管理制度、运行巡视检查制度、交接班制度、运行规程、高压开关室操作规程、低压开关室操作规程、励磁室操作规程、行车操作规程、空压机操作规程等。具体内容参照管理制度章节。

10. 台账资料

台账资料包括泵站调度记录、运行日志、各类操作票、运行报表、巡查记录等。

控制运用作业指导书示例参见附录I。

(二) 工程检查作业指导书

1. 适用范围

工程检查作业指导书用于指导泵站工程开展各类工程检查工作。

2. 编制依据

本作业指导书编制主要依据的是与控制运用相关的泵站管理规程、泵站运行管理规程以及技术管理细则、规章制度与操作规程、工程设计文件等。要列出参考依据的技术文件名称及编号或发布时间等。

3. 基本情况

包括泵站建成时间、泵站规模、泵房主体结构、主机泵型号、泵站流量、设计扬程、主要机电设备技术参数和泵站运行特征值等，工程基本情况尽量以图表形式表达。

4. 工作任务及职责分工

泵站工程检查主要分为日常检查、定期检查和专项检查，说明每项检查的时间频次、检查项目的主要内容和侧重点，并明确各类检查的责任人和岗位职责。

5. 日常检查

日常检查包括日常巡查和经常检查，分别说明检查要求、检查周期、检查流程、巡视检查路线和检查内容等。

(1) 日常检查要求参照工程检查工作标准相关内容，明确检查工作如何开展，以及问题如何处理等要求。

(2) 日常检查周期参照相应的管理标准确定，与工作任务相对应。

(3) 日常检查流程反映从开始组织到检查结束以及结果处理、台账资料管理等全过程的工作环节，绘制流程图，流程可从责任主体、检查的步骤、相关的记录资料等方面编制。

(4) 日常检查线路根据工程及管理范围实际情况进行设计。起始位置一般从值班室开始，按工程布置设计巡视检查线路；巡视路线应包括管理范围内的工程建筑物、机电设备，线路尽可能简捷，无重复或少重复。

(5) 检查内容主要包括水工建筑物、主机组、电气设备、辅助设备、监控设施、观测设施、管理设施等，应按照日常巡查、经常检查的侧重点分别详细说明检查内容、合格标准、注意事项等。

6. 定期检查

定期检查主要包括汛前检查、汛后检查、水下检查、试验检测等，分别说明检查要求、检查流程、检查内容等。

(1) 定期检查的要求可参照定期检查工作标准，分别明确检查工作如何开展，以及问题如何处理等要求。

(2) 定期检查流程反映检查工作组织与实施、结果处理以及接受上级检查、问题整改、台账资料管理等全过程的工作环节，绘制流程图。

(3) 定期检查内容主要包括主机组、高低压电气设备、辅机设备、保护装置、自动化系统、试验检测、土建设施、标志标识等，详细说明检查内容、检查标准等。

7. 专项检查

专项检查是针对工程遭受的异常情况或突发事件开展的有侧重点的检查，分别说明检查要求、检查流程和检查内容等。可参照定期检查的相关内容和要求编制。

8. 管理制度

本项作业应遵循的工程检查制度，具体内容参照管理制度章节。

9. 台账资料

台账资料包括日常巡查记录、运行巡查记录、定期检查记录、定期检查汇总表、水下检查记录表、定期检查报告、特别检查报告等。

(三) 工程观测作业指导书

1. 适用范围

工程观测作业指导书用以指导开展泵站工程各类工程观测工作。

2. 编制依据

本作业指导书编制主要依据的是与工程观测相关的泵站管理规程、泵站观测规程以及技术管理细则、规章制度、工程设计文件等，要列出参考依据的技术文件名称及编号或发布时间等。

3. 基本情况

包括泵站建成时间、泵站规模、泵房主体结构、主机泵型号、泵站流量、设计扬程、主要机电设备技术参数和泵站运行特征值等，工程基本情况尽量以图表形式表达。

4. 工作任务及职责分工

泵站工程观测任务主要包括垂直位移观测、测压管水位观测、引河河床变形观测、建筑物伸缩缝观测和其他观测等。应说明每项观测的时间频次、外业测量、记录复核、分析汇总、资料整理要求及特别要求等，并明确各类观测的组织分工、具体观测人员的职责。

5. 总体要求

应规定对所有观测项目通用的要求，主要包括人员、设备、记录、分析等方面。

6. 垂直位移观测

垂直位移观测主要内容包括一般要求、操作流程及步骤、资料整理及初步分析等。

（1）一般要求应说明本工程垂直位移观测时间和测次、测量精度、工作基点的引用等，并绘制观测标点布置图。

（2）操作流程主要包括检查校验观测设备，确定观测路线，电子水准仪的安置、粗平、瞄准、读数等环节，并绘制流程图。操作步骤与流程各环节相对应，可采用现场测量图片配以文字说明方式描述，对相关注意事项要同步说明。

（3）观测外业工作结束后，应及时对成果计算、校核，要明确测量的限差、需填写的图表以及初步分析的要求。

7. 测压管观测

测压管观测主要内容包括一般要求、操作流程及步骤、资料整理及初步分析等。

（1）一般要求应说明观测时间和测次、观测方法与要求、测量精度，并绘制测点平面分布布置图。

（2）操作流程主要包括测头设置、量读管口至水面的距离、计算测压管水位等环节，同时记录上、下游水位，并绘制流程图。操作步骤与流程各环节相对应，可采用现场测量图片配以文字说明方式描述，对相关注意事项要同步说明。

（3）观测外业工作结束后，应及时对成果计算、校核，要明确需填写的图表以及初步分析的要求。

8. 引河河床变形观测

引河河床变形观测主要内容包括一般要求、操作流程及步骤、资料整理及初步分析等。

（1）一般要求应说明断面桩的数量、布置位置、观测时间和测次、观测方法与要求等，并绘制断面布置图。

（2）操作流程主要包括检查观测仪器及相关检测资料、新建任务、GPS 及测深仪的参数设置、调入计划线、开始测量、数据导出等环节，并绘制流程图。操作步骤与流程各环节相对应，可采用现场测量图片配以文字说明方式描述，对相关注意事项要同步说明。

（3）观测外业工作结束后，应及时对成果计算、校核，要明确测量需填写的图表以及初步分析的要求。

9. 建筑物伸缩缝观测

建筑物伸缩缝主要内容包括一般要求、操作流程及步骤、资料整理及初步分析等。

（1）一般要求应说明泵站伸缩缝的数量和布置位置，观测的频次、测量方法以及精度要求。

（2）操作流程主要包括量读测点之间的距离、计算缝宽等环节，同时记录气温等，并绘制流程图。操作步骤与流程各环节相对应，可采用现场测量图片配以文字说明方式描述，对相关注意事项要同步说明。

（3）观测外业工作结束后，应及时对成果计算、校核，要明确测量需填写的图表以及初步分析的要求。

10. 其他观测

其他观测主要包括混凝土碳化深度观测、水文观测、裂缝观测等。

（1）混凝土碳化深度观测应规定观测时间、测点布置、观测方法及观测后保护措施、观测成果表填制。

（2）水文观测主要包括水位统计，流量、引（排）水量、降水量统计，工程运用情况统计等，指导手册应详细说明填表规定、精度要求、注意事项等。

（3）裂缝观测主要规定探坑的布置、标点布置、观测时间、观测图表绘制等。

11. 资料整理

资料整理主要包括资料的计算、校核、审查，资料分析和资料刊印等。

（1）观测结束后，应及时对观测资料进行计算、校核、审查。应说明一校、二校的内容，明确原始记录的审查要求，并规定资料整理的内容及要求等。

（2）通过相关参数、相关项目过程线，分析观测成果的变化规律及趋势，编写年度观测成果的初步分析报告并将资料进行刊印。资料刊印可按照工程基本资料、观测工作说明、垂直位移、测压管水位、河道断面、伸缩缝、其他观测项目和工程运用情况等顺序进行编制。

12. 管理制度

管理制度主要包括本项作业应遵循的工程观测制度，具体内容参照管理制度章节。

13. 台账资料

台账资料包括观测标点布置示意图、垂直位移工作基点考证表、垂直位移工作基点高程考证表、垂直位移观测标点考证表、垂直位移观测成果表、垂直位移量横断面分布图、垂直位移量变化统计表；测压管位置示意图、测压管考证表、测压管管口高程考证表、测压管注水试验成果表、测压管淤积深度统计表、测压管水位统计表、测压管水位过程线；河床断面桩顶高程考证表、河床断面冲淤量比较表、河床断面比较图、水下地形图；混凝土建筑物裂缝位置图、混凝土建筑物裂缝观测标点考证表、混凝土建筑物裂缝观测成果表；伸缩缝观测标点考证表、伸缩缝观测成果表、伸缩缝宽度与气温过程线、混凝土碳化深度观测成果表；工程运用情况统计表，水位统计表，流量、引（排）水量、降水量统计表，工程大事记，观测工作说明，观测成果的初步分析等。

（四）维修养护作业指导书

1. 适用范围

维修养护指导书用于指导泵站工程维修养护项目的组织实施和项目管理，以及主要工程设施的维修养护工作。

2. 编制依据

本作业指导书编制主要依据的是与工程维修养护相关的泵站管理规程、泵站检修规程以及技术管理细则、规章制度、工程设计文件等，要列出参考依据的技术文件名称及编号或发布时间等。

3. 基本情况

包括泵站建成时间、泵站规模、泵房主体结构、主机泵型号、泵站流量、设计扬程等设计特征值，以及主要机电设备的生产厂家、设备型号、技术参数等。工程基本情况尽量以图表形式表达。

4. 工作任务及职责分工

泵站工程维修养护主要包括水工建筑物维修养护、主机泵维修养护、电气设备维修养护、自动化系统维修养护、辅助设备与金属结构维修养护等。应说明维修养护及项目管理工作内容，并明确各自的组织分工、人员职责等。

5. 维修养护总体要求

参照维修养护工作标准相关内容，明确维修养护在分类、实施时间、内容及项目管理等方面应遵循的总体要求。

6. 维修养护实施流程

维修养护实施流程主要反映从立项下达，到实施准备、过程管理，以及决算审计、档案管理及验收等全过程的重点环节，并绘制流程图。

7. 水工建筑物维修养护

（1）水工建筑物维修养护主要包括土工建筑物、石工建筑物、混凝土建筑物等。

（2）应详细说明水工、石工、混凝土建筑物维修养护的基本要求、维修养护部位、存在问题、维修养护方法及注意事项等。

8. 主机泵维修养护

（1）主机泵检修主要包括主机泵检修方式、检修周期、检修项目、主机泵解体大修等内容。

（2）主机泵检修一般分为定期检查、小修和大修三种方式，应详细说明定期检查、小修、大修的主要项目内容、检修时间、技术要求等。

（3）主机泵检修周期宜按照小修、大修进行划分，结合相关检修规程绘制泵站机组小修、大修检修周期表，详细说明检修类别、检修周期、运行台时、工作内容及时间安排等。

（4）检修项目以机组小修、机组大修进行分类，明确主电机、主水泵的小修、大修项目内容及技术标准，规定主机组扩大性的项目内容。

（5）主机泵大修主要内容包括大修前准备、大修流程、机组拆卸、机组组装等。

（6）机组大修前应组织人员、查阅资料、编制计划、提出注意事项等，同时分准备阶段、作业阶段和结束阶段绘制主机组大修流程图。

（7）应详细说明主机组拆卸解体和机组组装的一般要求、操作步骤、项目内容、技术要求、注意事项、记录文件等，必要时配以图表说明。

9. 电气设备维修养护

（1）电气设备维修养护内容主要包括主变压器、站（所）用变压器、GIS 组合电器、高压开关、低压开关、直流系统、励磁系统、防雷接地装置等。

（2）要详细说明各种类型设备的检修周期、检修项目、维修养护内容、技术要求以及注意事项；针对重要的检修项目，绘制检修流程。

10. 辅助设备与金属结构维修养护

（1）辅助设备与金属结构维修养护内容主要包括泵站油气水辅助系统、拦污栅、清污机、检修闸门、起重机械、压力容器等。

（2）辅助设备与金属结构的机电设备和安全装置应定期检查、维护，安全装置应定期校验，发现缺陷应及时修理或更换。

（3）应结合泵站工程实际情况，具体说明压力油、润滑油系统，压缩空气系统，供、排水系统的检修周期、检修项目、解体组装的步骤及技术要求、注意事项等。

（4）金属结构件维修养护应按照相关规程规范的要求，明确检修内容、检修周期、检修流程等。起重机械每 2 年检测 1 次，其安装、维修、检测工作须由安全技术监督部门指定的单位进行；压力容器每 6 年检测 1 次，安全阀每 1 年检测 1 次，其安装、维修、检测工作须由安全技术监督部门指定的单位进行，具体管理办法按行业规定执行。

11. 自动化系统维修养护

（1）自动化系统维修养护主要内容包括微机监控系统、视频监视系统和网络通信系统等。

（2）泵站管理单位每年应对自动化系统进行 1 次全面维护，对基本性能与重要功能进行测试。

（3）自动化系统维修养护指导书要详细说明微机监控、视频监视、网络通信系统的盘柜、计算机、PLC 模块、打印机、UPS 电源、摄像机、系统功能的维护项目、测试内容和技术要求等。

12. 项目管理

维修养护项目管理执行省级水利工程维修养护项目管理卡制度。维修项目实施采用“工程维修项目管理卡”，养护项目实施采用“工程养护项目管理卡”。

（1）项目管理要求

参照项目管理工作标准相关内容，分别明确维修项目、养护项目管理应遵循的有关规定。

（2）项目管理流程

项目管理流程分别反映维修项目、养护项目从计划批复下达、项目采购、合同管理，到施工管理、方案变更、中间验收、决算审核、档案专项验收、竣工验收、档案管理等全过程的工作环节，并绘制流程图。

（3）项目实施

项目实施主要说明项目实施方案编制要求及内容、项目实施方案报批、施工单位的选择及材料设备的采购、项目实施过程管理、项目竣工总结编写等。

（4）竣工验收

竣工验收主要说明竣工验收的组织、验收的内容、验收程序等。

（5）项目管理卡

工程维修项目管理卡主要包括项目实施计划审批表、项目实施方案、项目预算（单价分析表）、开工报告审批表、项目实施情况记录（图片资料）、项目质量检查及验收（分部工程验收卡）、项目竣工总结、决算书封面、项目竣工决算、项目竣工验收卡、附件等。

工程养护项目管理卡主要包括养护项目计划审批表、年度工程养护计划、年度工程养护计划预算表、季度工程养护计划审批表、季度工程养护计划封面、季度工程养护计划、季度工程养护计划预算表、单项养护工程项目实施计划封面、单项养护工程实施方案、单项养护工程实施计划预算表、单项养护工程开工申请审批表、单项养护工程情况表、单项养护工程费用明细表、单项养护工程验收卡、季度工程养护总结、年度工程养护验收卡、工程养护总结、工程养护大事记等。

13. 管理制度

说明维修养护应遵循的相关规章制度，主要有：维修养护项目管理制度、设备管理制度等。具体内容参照管理制度章节。

14. 台账资料

台账资料包括机电设备修试记录、机组大修报告书、安装质量评定表、维修养护项目管理卡等。

第六章　管理评价

精细化管理的关键是执行力，建立行之有效的考核评价机制是确保各项工作按标准实施、并最终实现工作目标的重要环节，是决定工作执行成效的重要保证。要结合单位自身实际，针对不同阶段目标管理的侧重点和责任主体，建立健全专项考核与综合考核、平时考核与年度考核、单位考核与职工考核等多形式、多层级的目标成果考核评价体系，并落实必要的奖惩措施。各类考核评价要有明确的目标和标准，注重不同考核评价之间的衔接，避免考核过多、重复考核，提高工作成效。

管理单位要按照事业单位人事管理及考核管理相关要求，发挥好绩效分配激励引导作用，结合单位实际，建立单位工作效能考核和职工实绩考核制度，制订完善考核办法和标准，将考核结果与评先评优、岗位聘用、职务晋升和收入分配相挂钩。要完善岗位设置、工作职责和考核标准，注重平时考核、量化评价，将管理责任具体化、考核评价常态化、绩效奖惩透明化，切实保证管理精细高效，富有执行力、创新力。同时，积极开展精细化管理工作评价，评估总结精细化管理工作成效，发扬成绩，克服不足，持续改进提高。

第一节　单位效能考核

单位效能考核主要对管理单位的汛前准备专项工作、工程管理日常工作、单位年度综合工作及工程管理年度考核工作等进行考核评价，一般由上级主管部门组织。

一、考核参考方式

1. 汛前准备专项考核重点考核汛前检查工作组织、设备设施状况、应急措施、检查观测与设备评级、档案资料、制度建设等情况，一般在每年 4 月底前进行。

2. 工程管理日常考核重点考核平时工作开展情况，主要考核运行管理、设备管理、标识管理、工程检查、工程维修养护、工程观测、工程技术档案、安全生产、水政管理、环境管理、岗位考核管理等方面工作，应根据不同阶段工作特点明确考核侧重点。一般按月或季度进行考核。

3. 单位年度综合考核重点考核单位年度综合性工作，主要包括履职情况、党建工作和满意度评价等方面，作为年度评优的主要依据，一般在年底进行，平时考核结果作为年度综合考核的重要参考。

4. 工程管理年度考核按照水利部、江苏省工程管理考核办法及标准的要求，从组织管理、安全管理、运行管理、经济管理等四个方面开展年度自检、考核工作，并报上级主管部门，一般在年底进行。

二、考核内容参考要点

（一）汛前准备考核

1. 汛前准备工作的组织、责任落实及总体开展情况。
2. 规章制度建立修订情况以及执行情况。
3. 各类工程图表、标志标牌设置及明示情况。
4. 检查观测、电气试验、养护维修、工程评级等各类资料的收集、分类、整理、归档情况。
5. 建筑物及引河、主机泵、高低压电气设备、辅机设备、监控及网络通信系统等工程设施状况。
6. 防汛应急及汛前影响度汛项目的进度及完成情况；维修养护项目管理情况。
7. 安全隐患排查及处理情况，预案编制修订及演练情况。
8. 防汛抢险组织网络情况，防汛抢险物资落实、保管情况。
9. 安全生产责任制、组织网络及安全措施落实情况；安全工器具管理及定期试验情况；消防设施配备、调试、年检及维保情况；安全防护设施及警示信号、标志牌设置情况。
10. 工程观测设施、防汛仓库和管理范围内场地、道路及设备区等环境卫生情况。

（二）工程管理日常考核

1. 调度指令执行情况；操作过程管理、值班管理情况。
2. 工程检查按规定开展情况，包括记录台账、成果上报、问题整改等。
3. 设备现状以及维修养护、缺陷管理等情况。
4. 设备编号、转动方向、涂色、警示牌等标志标牌管理。
5. 维修养护项目实施方案、采购程序、过程管理、审计与验收、项目管理资料等。
6. 工程观测开展情况、资料整编等。
7. 技术档案收集、整理、归档、保管等情况。
8. 安全生产组织网络、规章制度、安全标志牌、风险识别、隐患排查治理、事故处理等。
9. 水法律法规宣传学习、水政巡查、涉水项目管理、水事案件处理等。
10. 工作场所环境卫生、绿化维护等。
11. 工作任务分解、岗位责任落实、考核开展情况等。

（三）单位年度综合考核

1. 单位年度综合考核主要根据管理单位职能和年度重点工作任务按履职情况、党建工作、满意度评价等分类考核、综合评价，分出相应的考核等次。

2. 履职情况主要考核工程管理、调度运行、防汛抗旱、安全生产、基本建设、河湖管理、水资源管理、水政管理、科技创新与信息化、预算绩效管理、水文工作、水文化建设等方面。

3. 党建工作主要考核政治建设、思想建设、组织建设、作风建设、党风廉政建设、精神文明建设和群团工作等。

4. 满意度评价主要包括：上级主管部门负责人对单位效能提升、作风改进、廉政勤政等方面的评价；相关单位之间的互评；职工代表、党风廉政监督员的评价等。

5. 具体考核内容和考核标准可结合实际情况制定。

（四）工程管理考核

国家级水管单位依据水利部《水利工程管理考核办法》，本省水管单位依据《江苏省水利工程管理考核办法》开展考核工作。

二、考核主要流程

考核流程一般为听取汇报、查看现场、查阅资料、部门质询、讨论评议、考核赋分、确定等次、通报结果等。

第二节　职工实绩考核

参照《事业单位人事管理条例》《江苏省事业单位工作人员考核实施办法（试行）》等有关规定，管理单位应明确岗位工作标准，以职工的岗位职责和所承担的工作任务为依据，及时了解职工“德、能、勤、绩、廉”日常表现，重点考核工作实绩，考核可分为平时考核、年度考核等，考核结果可以分为优秀、合格、基本合格和不合格等档次。

一、岗位工作标准

工程管理单位要根据工作实际和岗位职责分工对各岗位人员提出具体的工作标准和要求。

岗位工作标准主要包括所长工作标准、副所长工作标准、技术管理岗位工作标准、泵站运行工班长工作标准、泵站运行工工作标准等。

泵站岗位工作标准参考示例如下。

所长工作标准

1. 做好工程运行管理工作，随时掌握工程运行情况，每周不定期对工程管理情况抽查不少于 2 次。

2. 建立健全管理制度和考核机制，单位管理制度完善、工作分工明确、奖惩措施到位。

3. 及时准确地传达上级有关会议精神，检查各岗位工作完成情况及规章制度执行情况。

4. 认真组织开展工程汛前、汛后检查及日常巡查工作，组织做好工程检查观测工作。制定完善防洪预案及反事故预案，加强预案的演练。

5. 结合工程实际情况，组织制定切实可行的设备养护和维修计划，按上级批复意见及时组织实施，并按要求进行管理和验收。

6. 建立安全生产责任制，抓好职工安全教育培训，定期进行安全生产检查，组织建立安全生产档案，防止发生人为安全事故。

7. 注重科技创新，积极开展技术革新、科学研究，重视管理机制和内部管理体制创新，不断提高工程管理水平。

8. 组织做好安全保卫、环境管理、精神文明创建等工作。

9. 服从安排，保质、保量、按时完成上级交办的临时性工作。

副所长工作标准

1. 执行工程调度指令，及时组织完成操作任务。

2. 负责制定完善各项规章制度，并检查执行情况。

3. 负责做好工程汛前、汛后检查，检查日常巡查工作情况，组织开展工程检查观测工作。

4. 负责制定单位考核办法、评分标准，并协助所长具体抓好绩效考核工作。

5. 根据设备运行情况，提出工程维修意见，组织工程的维护、检修、抢修工作，制定相关工程预案。

6. 审核维修养护项目的预算、实施计划，并组织实施，协助组织做好验收和财务结算。

7. 根据单位实际情况，合理制定年度职工培训计划，并认真组织执行，培训信息反馈及时，档案资料齐全。

8. 制订技术革新、科学研究计划，参与推进管理机制和内部管理体制创新。

9. 协助所长做好安全生产、环境管理、精神文明创建等工作。

10. 服从安排，保质、保量、按时完成所长交办的临时性工作。

技术管理岗工作标准

1. 按工程实际制定日常养护及维修工程项目初步计划、实施方案，编制开工报告及预算等，报所领导审核后上报上级主管部门审批。

2. 按相关规定严格对设施设备养护维修工程的质量和实施情况进行检查和监督。

3. 协助所领导做好汛前、汛后及日常工程巡查检查工作，认真开展工程观测工作。

4. 及时编报检查报告、维修养护资料、各项报表等。

5. 做好工程技术资料的收集、整理和档案保管工作。

6. 协助所领导制订技术革新、科学研究计划，参与推进管理机制和内部管理体制创新。

7. 个人办公用品摆放整齐有序，办公环境整洁。

8. 注重业务学习，服从安排，保质、保量、按时完成所领导交办的临时性工作。

泵站运行工班长工作标准

1. 检查本班人员完成设备日常维护保养和清洁工作情况。

2. 接受所领导下达的操作指令，并组织实施。

3. 不定时巡查工作现场，检查本班组规章制度执行情况，检查审阅各种记录填写情况，掌握设备运行情况。

4. 组织进行设备检修保养，协助做好电气设备预防性试验；监督本班组检修保养过程中安全管理规程执行情况；协助组织突发设备事故抢险工作。

5. 协助所领导按时做好月度、季度的绩效考核工作。

6. 协助所领导开展职工业务培训工作。

7. 个人办公用品摆放整齐有序，办公环境整洁。

8. 服从安排，保质、保量、按时完成所领导交办的临时性工作。

泵站运行工工作标准

1. 严格按照操作规程和技术规程执行各项操作任务，正确完成上级主管部门下达的指令并及时上报。

2. 按照专业管理规定，定期对设备设施进行检查、清洁、维护。

3. 对所辖设施设备进行维修，达到管理标准要求；积极参加突发设备事故抢险。

4. 按规定及时填写运行、检查、维护相关记录，以便技术人员汇总、整理。

5. 注重学习业务知识，积极参加业务培训、“每月一试”和“每年一考”等。

6. 值班室的办公用品摆放整齐，维护公共场所环境整洁。

7. 服从安排，保质、保量、按时完成所领导交办的临时性工作。

二、职工平时考核参考做法

1. 宜按单位负责人、专业技术人员和工勤技能人员分类进行考核。其中单位负责人由上级主管部门考核，其他人员由本单位组织考核。一般每月或每季度进行一次。

2. 职工平时考核指标由共性指标和个性指标构成。共性指标包括政治素质、职业道德、工作作风、廉洁自律、出勤情况等。个性指标包括工作数量、质量、效率，以及成效和业务能力等。

3. 考核程序一般包括阶段目标任务确定、个人工作小结、审核评鉴、成果反馈、结果公示等。

4. 考核结果可分为好、较好、一般和较差 4 个等次。好等次职工人数宜控制在参加平时考核同类人员数量的 30%以内。

三、职工年度考核参考做法

年度考核是对职工全年工作实绩的综合评价，将平时考核作为重要参考，如：当年平时考核结果好等次累计 3 次及以上的，年度考核可以优先确定为优秀等次；当年平时考核结果有一般、较差等次的，年度考核不得确定为优秀等次；当年平时考核结果一般、较差等次累计 3 次及以上的，年度考核应确定为基本合格或不合格等次；当年平时考核结果均为较差等次的，年度考核直接确定为不合格等次。

第三节　激励措施

管理单位应坚持精神鼓励与物质奖励相结合，建立奖惩激励制度，依据各类考核结果给予相应的奖惩。对考核结果优秀的单位和个人予以表彰奖励，对考核结果较差的单位和个人，予以必要处罚。

一、奖励措施参考做法

1. 设立汛前准备专项奖、工程管理日常考核奖、综合考核奖等奖项。可根据考核结果对单位设不同等次奖项分别进行奖励；对个人根据平时和年度考核情况，对考核结果为好等次的职工，以适当方式予以表扬和奖励，设立考核优秀等次、优秀党员、先进工作(生产)者、工程管理先进个人、安全生产先进个人等荣誉进行表彰奖励。

2. 对通过水利部、省级水利工程管理考核验收的单位，给予单位和职工相应的奖励。

3. 给先进个人颁发荣誉证书，其事迹记入个人档案。

4. 给先进个人在人才培养、职称评审、职务晋升、岗位聘用等方面享受优先条件或加分。

二、处罚措施参考做法

1. 对部、省级水利工程管理单位复审不合格或被取消原达标等级的单位，当年不得评为先进单位，单位领导不得评为先进个人，并对责任人进行责任追究。

2. 工程单位当出现执行上级调度指令不力、发生安全责任事故、违规使用工程经费或违反国家法律法规等情形，视情节对单位和责任人进行处罚，直至追究法律责任。

3. 对平时考核结果为一般等次的职工，及时谈话提醒；对平时考核结果为较差等次的职工，加以批评教育。发现的违纪违法问题，按照有关纪律和法律法规处理。

4. 对个人年度考核结果为基本合格或不合格的，视情节给予批评教育和相应处罚，情节严重的给予警告、记过、降低岗位等级或者撤职、开除等处分。

第四节　精细化管理评价

为加强泵站工程精细化管理，科学评价工程精细化管理水平，依据《江苏省水利工程精细化管理考核评价办法》开展精细化管理评价工作。

一、评价内容

泵站工程精细化管理评价内容包括管理任务、管理标准、管理流程、管理制度、内部考核、信息平台、管理成效等方面的评价。

二、评价组织

水利工程精细化管理按照分级管理原则进行评价验收，市(县)所属管理单位精细化管理工作由设区市水行政主管部门组织评价验收，并接受省水利厅检查监督；省水利厅直属管理单位精细化管理工作由省水利厅或其委托单位组织评价验收。

三、评价标准

1. 泵站工程精细化管理评价实行 1 000 分制，其中：管理任务评价 140 分，管理标准评价 120 分，管理流程评价 160 分，管理制度评价 90 分，内部考核评价 90 分，信息平台评价 100 分，管理成效评价 300 分。管理单位和各级水行政主管部门依据评价标准进行赋分。

2. 泵站工程精细化管理通过验收，评价结果总分应达到 850 分，且其中各大类得分率应不低于 80%。

三、评价验收

1. 申请验收的管理单位应具备以下基本要求。

(1) 工程通过竣工验收，设施完好，无重大安全隐患。

(2) 通过省级及以上水利工程管理单位考核验收。

(3) 制定了精细化管理方案和年度目标计划；按计划实施了细化任务、落实责任、明晰标准、规范流程、完善制度和绩效管理等精细化管理相关工作；建立了信息化管理平台；精细化管理工作成效显著。

2. 管理单位应积极开展水利工程精细化管理工作，自评结果符合验收条件的，可向上级主管部门申请验收。

3. 水利工程精细化管理评价验收程序如下。

(1) 验收组织单位成立专家组，负责水利工程精细化管理评价工作。

(2) 评价工作主要包括：听取管理单位工作汇报，现场实地考察，查阅有关文件资料，专家质询、讨论、赋分等。

(3) 专家组根据相关资料和现场考察情况，对申报单位精细化管理工作进行综合评价，提出存在问题和整改意见，出具评价报告，提出能否通过水利工程精细化管理验收的建议。

4. 验收组织单位将评价报告报省水利厅，在江苏水利网公示 7 天且无异议后，由省水利厅批准公布。

四、后续管理

1. 对通过水利工程精细化管理验收的管理单位，各级水行政主管部门应结合省级水利工程管理单位复核和年度考核进行检查。

2. 通过水利工程精细化管理验收的管理单位，凡出现以下情况之一的，予以取消：

(1) 精细化管理成效差；

(2) 被取消省级及以上水利工程管理单位资格；

(3) 发生较大及以上安全生产责任事故；

(4) 发生其他造成社会不良影响的重大事件。

第七章　管理平台

随着互联网、物联网、大数据、云计算等为代表的信息技术的迅猛发展，信息化、智能化建设已成为新时期水利工程管理的重要任务，管理单位要利用先进的信息化技术手段推进工程管理信息化、智能化，改变工程管理方式、提升管理效能，让管理工作落实更到位、调度控制更精准、过程管控更规范、信息掌握更及时、成效评价更便捷，提升现代化管理水平。

管理单位应基于现代信息技术和水利工程管理发展新形势，切合泵站工程管理特点和实际需求，将信息化与精细化深度融合，重点围绕业务管理、工程监测监控两大核心板块，构建安全、先进、实用的信息化管理平台。平台建设要紧扣精细化管理的任务、标准、流程、制度、考核等重点环节，体现系统化、全过程、留痕迹、可追溯的思路，形成完整的工作链、信息流，实现管理任务清单化、工作要求标准化、作业流程闭环化、档案资料数字化、成效监管实时化，以工程管理信息化促进精细化更有效、更快捷地落地和推广。

第一节　平台建设

信息化管理平台建设要紧密结合精细化管理的工作要求，满足工程控制运用、检查观测、设备设施管理、维修养护、项目管理、安全管理、档案资料管理、制度标准、水政管理、任务管理、效能考核等方面的业务管理需要，力求具备较完整的水利工程管理信息化功能集，一般可设置综合事务、运行管理、检查观测、设备设施、安全管理、项目管理、水政管理等基本管理模块和移动客户端，具体模块和功能可视实际需求确定。

一、总体要求

1. 管理平台应符合网络安全分区分级防护的要求，一般将工程监测监控系统和业务管理系统布置在不同网络区域。

2. 管理平台采用当今运用成熟、先进的信息技术方案，功能设置和内容要素符合水利工程管理标准和规定，能适应当前和未来一段时期的使用需求。

3. 管理平台要紧密结合泵站工程业务管理特点，客户端符合业务操作习惯。系统具有清晰、简洁、友好的中文人机交互界面，操作简便、灵活、易学易用，便于管理和维护。

4. 管理平台各功能块以工作流程为主线，实现闭环式管理。不同的功能模块间相关数据应标准统一、互联共享，减少重复台账。

二、基本功能

1. 综合事务。该模块是除主要管理业务以外，以管理任务落实与绩效考核为主的综合性模块，重在保证各项业务工作能有效开展。可设置任务管理、教育培训、制度标准、水政管理、绩效考核等功能项。

(1) 任务管理功能项可将管理任务进行细化分解、落实到岗到人，并进行主动提醒，对完成情况跟踪监管，提高工作的执行力。

(2) 教育培训功能项可制订培训计划并上报，记录培训台账，对培训工作进行总结评价，也可为个人业绩考核提供参考。

(3) 制度与标准功能项可录入、查询规章制度、工作标准、工作手册、作业指导书等，供学习执行，也可反映制度与标准的修订、审批过程信息。

(4) 档案管理功能项按照档案管理分类，对本系统形成的电子台账进行档案管理、查阅，与数字化档案系统对接。按照科技档案分类，对系统形成的电子台账进行管理，提供查询功能。对经审核合格的档案录入单位数字化档案管理系统。

(5) 绩效考核功能项可进行单位(部门)效能考核和个人绩效考核，记录考核台账，单位管理成效、个人工作业绩可调取系统其他模块信息供评价参考。

2. 运行管理。运行管理的主要任务是根据上级下达的调度指令，进行分解细化和组织实施，并做好值班管理、两票管理等工作，保证工程正常运行，及时准确执行上级下达的调度指令。可设置调度管理、操作记录、值班管理、两票管理、运行日志等功能项。

(1) 调度管理功能项可实现调度指令下发、执行，能够记录、跟踪调度指令的流转和执行过程，并能够与监控系统的调令执行操作进行关联与数据共享。

(2) 操作记录功能项可对调度指令下达、操作执行、结束反馈等全过程信息进行汇总、统计与查询。在监测监控系统中执行操作流程，在业务管理系统中调取监测监控系统操作记录和运行数据，并与调度指令执行记录一并进行汇总、查询。

(3) 值班管理功能项可以自动对班组进行排班，实现班组管理、生成排班表、值班记事填报、值班提醒、交接班管理等功能。

(4) 两票管理功能项可实现工作票的自动开票和自动流转，用户可对工作票进行执行、作废、打印等操作，并自动对已执行和作废的工作票进行存根，便于统计分析。并可对操作票链接查询。

(5) 运行日志功能项可实现业务管理系统与监控系统主要运行参数、控制操作自动链接录入，将工程各类数据录入运行日志及相关运行报表，便于系统查询与相关功能模块的链接引用。

3. 检查观测。重点是通过工程移动巡检、观测成果自动整编等方式，及时掌握工程动态信息，发现并处理存在问题。工程检查按照重要性、不同阶段及不同工况分别确定相应的检查周期和内容，强调重点部位、汛期、运行期的工程检查。工程观测主要是对测量任务的明确落实和测量数据的自动整编、成果应用。可设置日常检查、定期检查、试验检测、专项检查、工程观测等功能项。

（1）日常检查功能项根据日常巡查、经常检查不同的工作侧重点，主要采用移动巡检的方式进行，预设检查线路、内容、时间，任务可自动或手动下达给检查人员，对执行情况进行统计查询。将发现问题提交相应处置模块。

（2）定期检查功能项可编制任务并下达相应检查人员，检查人员按定期检查要求执行交办的检查任务，并将检查结果录入系统、形成报告，对存在的问题进行处理，如需检修可链接相应功能模块。

（3）试验检测功能项可录入、查看工程年度预防性试验、日常绝缘检测、防雷检测、特种设备检测等试验检测的统计情况，并对历年数据进行统计分析。对试验发现的问题可提交处理并查询处理结果。

（4）专项检查功能项可根据所遭受灾害或事故的特点来确定检查内容，参照定期检查要求进行，重点部位应进行专门检查、检测或专项安全鉴定。对发现的问题应进行分析，制定修复方案和计划并上报。

（5）工程观测功能项主要包括观测任务、仪器设备、观测成果和问题处置等，将垂直位移、河床断面、扬压力测量、伸缩缝测量等原始观测数据导入系统由系统自动计算，生成各观测项目的成果表、成果图，并以可视化方式查询展示。

4. 设备设施。机电设备和水工建筑物管理是工程业务管理的重点，将设备设施进行管理单元划分和编码，以编码作为识别线索，进行全生命周期管理，并设置对应二维码进行扫描查询。可设置基础信息、设备管理、建筑物管理、缺陷管理、备品备件等功能项。

（1）基础信息功能项主要包括设备设施编码、技术参数、二维码和工程概况、设计指标等。编码作为设备设施管理的唯一身份代码，设备设施全生命周期管理信息都可通过编码或对应的二维码进行录入查询。

（2）设备管理功能项重点是建立设备管理台账，记录和提供设备信息，反映设备维护的历史记录，为设备的日常维护和管理提供必要的信息，一般包括设备评级、设备检修历史、设备变化、备品备件、设备台账查询等内容。

（3）缺陷管理功能项可对工程发现的缺陷按流程进行规范处置，形成全过程台账资料。积累缺陷管理资料和信息，统计分析缺陷产生的原因，有利于采取预防和控制对策。

（4）备品备件功能项主要适用于备品备件的采购、领用及存放管理，制定备品备件合理的安全库存，将备品备件和材料的申请、采购、领用进行流程化管理。可以实时查询调用备品备件的所有信息。

5. 安全管理。安全管理遵循安全生产法规，结合安全生产标准化建设的要求，主要从目标职责、现场管理、隐患排查治理、应急管理、事故管理等方面设置功能项，部分内容可链接生产运行、检查观测、设备设施、教育培训等功能模块信息，形成全过程管理台账，对问题隐患进行统计查询、警示提醒和处置跟踪。

6. 项目管理。按照省水利工程维修养护项目管理相关规定，注重实施的计划性、规范性、及时性。针对计划申报、批复实施、项目采购、合同管理、施工管理、方案变更、中间验收、决算审核、档案专项验收、竣工验收、档案管理等方面工作，可设置项目下达、实施方案、实施准备、项目实施、验收准备、项目验收等功能项，实现全过程全方位的管理监督，可实时了解工程形象进度、经费完成情况和工作动态信息，实现网络审批，查询历史记录，提高项目管理效率。

7. 水政管理。主要包括队伍管理、划界确权、执法巡查、涉水监管和普法宣传等功能项，要形成日常工作记录台账，可通过 GIS 地图查看工程管理范围线及桩(牌)矢量布置图，实地埋设的界桩、界牌、告示牌等已知点地理坐标信息，同时，对工程管理范围进行移动巡查，并记录保存违法违章事件处置全过程资料。

8. 移动客户端。为便于信息的及时发布查询，开发手机 App 移动客户端，推送工程运行信息、工作任务提醒、工作实时动态、异常情况预警等。

第二节　平台管护

一、应用管理

1. 管理平台应由被授权人员进行操作、维护和管理，不得进行与运行管理无关的工作。

2. 加强平台的应用，发挥好平台的作用，及时录入台账资料，发现数据异常及时分析处理，保证信息的准确性。

3. 定期对电子台账和数据备份。

4. 根据运行管理条件和要求的变化，及时升级信息化平台。

二、安全防护

1. 工程监控系统应实行专网封闭管理，与外部系统物理隔离。

2. 明确管理平台运维管理和网络安全责任主体，规范开展运维工作，保持系统安全稳定运行。

3. 按照网络安全等级保护的要求，开展等级测评和安全防护工作。

附录

附录 A 控制运用相关记录表式

工程调度记录

工程名称					
时间	发令人	接受人	执行内容	执行情况	备注

运行值班记录

工程名称		时间	年 月 日	天气	

运行值班情况记录：

值班人员：

交接班记录：

1. 工程运行情况：

2. 需交接的其他事项：

交班人： 接班人： 交接时间： 时 分

泵站运行日志

年　　月　　日

0—8时		8—16时	
值班长		值班长	
值班员		值班员	

年　　月　　日

<table>
<tr><td colspan="2">16—24时</td><td colspan="8">机组开机台时统计</td></tr>
<tr><td colspan="2" rowspan="9"></td><td colspan="2">1号机组</td><td colspan="2">2号机组</td><td colspan="2">3号机组</td><td colspan="2">4号机组</td></tr>
<tr><td>当日运行</td><td>累计运行</td><td>当日运行</td><td>累计运行</td><td>当日运行</td><td>累计运行</td><td>当日运行</td><td>累计运行</td></tr>
<tr><td></td><td></td><td></td><td></td><td></td><td></td><td></td><td></td></tr>
<tr><td colspan="2">5号机组</td><td colspan="2">6号机组</td><td colspan="2">7号机组</td><td colspan="2">8号机组</td></tr>
<tr><td>当日运行</td><td>累计运行</td><td>当日运行</td><td>累计运行</td><td>当日运行</td><td>累计运行</td><td>当日运行</td><td>累计运行</td></tr>
<tr><td></td><td></td><td></td><td></td><td></td><td></td><td></td><td></td></tr>
<tr><td colspan="2">9号机组</td><td colspan="2">10号机组</td><td colspan="2"></td><td colspan="2"></td></tr>
<tr><td>当日运行</td><td>累计运行</td><td>当日运行</td><td>累计运行</td><td></td><td></td><td></td><td></td></tr>
<tr><td></td><td></td><td></td><td></td><td></td><td></td><td></td><td></td></tr>
<tr><td>值班长</td><td></td><td colspan="8" rowspan="2">所值班：________</td></tr>
<tr><td>值班员</td><td></td></tr>
</table>

运行数据记录表

日期：

时间	1# 主机													2# 主机												
	转子电压	转子电流	定子电流	有功功率	无功功率	功率因数	绕组均温	上导瓦温度	下导瓦温度	推力瓦温度	水导瓦温度	冷却水压力	水导油位	转子电压	转子电流	定子电流	有功功率	无功功率	功率因数	绕组均温	上导瓦温度	下导瓦温度	推力瓦温度	水导瓦温度	冷却水压力	水导油位
0:00																										
2:00																										
4:00																										
6:00																										
8:00																										
10:00																										
12:00																										
14:00																										
16:00																										
18:00																										
20:00																										
22:00																										

值班长：________ 值班员：________

附录 B　工程检查相关记录表式

泵站运行期巡查记录

巡查日期:______年______月______日

巡查部位	巡查内容及要求	巡查情况(每班巡查 4 次)			
高压开关室	各种表计指示正常,开关分、合闸指示正常,指示灯正常,接线桩头无过热,示温片完好				
低开室、励磁室	各种表计指示正常,开关分、合闸指示正常,指示灯正常,接线桩头无过热,示温片完好,励磁各电磁部件无异常声响及过热现象				
继保室、PLC 室	继电器工作正常,无报警信号,直流装置工作状态正常,蓄电池外观完好				
主变室、站变室、隔变室	变压器油位、温度指示正常,各部位无渗漏油,套管正常,无破损、裂纹,无油污、放电痕迹,变压器声响正常,无杂异音,接线桩头无发热,示温片完好				
主机层	主电机运行声响正常,气蚀、振动在允许范围内,上油缸油位、油色正常,各温度指示值在合格范围内,碳刷与滑环无火花,无异常声响及气味,叶片角度与设定值相符,压油系统压力正常,闸阀管道无渗漏				
联轴层	冷却水、润滑水压力正常,示流器回水正常,回水管无发热现象,水泵顶盖无渗漏现象,下油缸油色、油位正常,闸阀管道无滴漏现象				
水泵层	水泵运行声响正常,振动在合格范围内,水导油位、油色正常,供排水泵运行正常,出口压力在合格范围内,排水廊道水位正常				
副厂房	储气罐压力在合格范围内,空压机运行正常,真空破坏阀无漏气,吸气口无妨碍吸气的杂物				
进、出水池	进、出水池无妨碍运行的船只、漂浮物等,无钓鱼、游泳现象,拦污栅前无杂草、杂物				

续表

巡查部位	巡查内容及要求	巡查情况(每班巡查 4 次)			
发电机房	主电机运行声响正常,碳刷与滑环无火花,无异常声响及气味,可控硅运行正常,稀油站运行正常,瓦温、油位、油色正常				

主要问题上报及处理情况:

巡查负责人:________ 巡查人:________

日常巡查记录表

________年______月______日　天气________

序号	巡查内容	巡查情况
1	管理范围内有无违章建筑	
2	管理范围内有无危害工程安全的活动	
3	有无影响泵站安全运行的障碍物	
4	建筑物、设备、设施是否受损	
5	工程运行状态是否正常	
6	工程环境是否整洁	
7	水体是否受到污染	
8	其他	

巡查人：　　　　　　　　　　　　技术负责人：

泵站经常检查记录(机电设备)

________年______月______日 天气________

序号	巡查部位	巡查内容及要求	巡查记录
1	主电机	主电机外观整洁完整,上、下油缸油位、油质正常,碳刷接触良好、滑环表面清洁、无锈迹划痕,测温系统完好、准确,励磁装置正常	
2	主水泵	主水泵外观整洁完整,叶轮外壳无渗漏,叶角调节机构完好,现场叶角指示与微机指示相符,填料密封良好,管道无滴漏现象	
3	6 kV 系统	高压断路器部件完整,零件齐全,瓷件、绝缘子无损伤,无放电痕迹,操作机构灵活,无卡阻现象,指示正确;高压进线开关完好齐全,电流、电压互感器完好,避雷器、绝缘子表面清洁,无损伤、无放电痕迹,母线构架牢固,无弯曲变形,无明显锈蚀	
4	低压配电系统	站用变压器完整齐全,表计、信号正常,高低压接线桩头紧固可靠,示温片完好,冷却系统正常,动力系统盘面仪表齐全良好,分、合闸指示明显、正确,照明系统完好,事故照明装置正常,母线及电缆桩头无过热现象	
5	测量、保护、监控系统	盘柜清洁,端子及连接件紧固,仪表正常,数据显示准确,监控系统工作正常,调节稳定可靠	
6	供、排水系统	表计及零部件完好,指示准确,填料密封良好,叶片无碰擦、卡死现象,轴承润滑良好,电机工作正常,风叶完好,水泵出口压力在合格范围	
7	压力油系统	零部件完整齐全,表计完好,指示准确,冷却系统工作正常可靠,储能罐完好、无漏气,配套安全阀正常,管路无滴漏现象	
8	压缩空气系统	零部件完整齐全,表计指示准确,冷却系统正常,储气罐完好、无漏气,配套安全阀正常,管路无滴漏现象	
9	真空破坏阀系统	本体动作安全、灵活、可靠,电磁阀工作正常,相关管路无漏气现象	
10	通风系统	通风机运行正常、可靠	
11	变频发电机系统	主电机外观整洁完整,油位、油质正常,碳刷接触良好,滑环表面清洁、无锈迹划痕,可控硅正常,稀油站正常	

巡查综述:

检查人:________　　技术负责人:________

泵站经常检查记录(土建设施)

______年______月______日 天气______

序号	巡查项目	巡查内容及要求	巡查情况
1	主厂房	墙面、门窗完好,无缺损、渗漏现象,伸缩缝完好	
2	副厂房	墙面、门窗完好,无缺损、渗漏现象,伸缩缝完好	
3	管理用房	墙面、门窗完好,无缺损、渗漏现象	
4	工作桥及交通桥	混凝土无损坏和裂缝,伸缩缝完好,栏杆柱头完好,桥面排水孔正常	
5	工作便桥	混凝土无损坏和裂缝,伸缩缝完好,栏杆柱头完好	
6	上游左岸翼墙	墙体完好,无倾斜、裂缝,伸缩缝完好,观测标志完好,水尺完好	
7	上游右岸翼墙	墙体完好,无倾斜、裂缝,伸缩缝完好,观测标志完好	
8	下游左岸翼墙	墙体完好,无倾斜、裂缝,伸缩缝完好,观测标志完好,水尺完好	
9	下游右岸翼墙	墙体完好,无倾斜、裂缝,伸缩缝完好,观测标志完好	
10	上游左岸护坡	块石护坡完好、排水畅通、无塌陷,混凝土无开裂破损	
11	上游右岸护坡	块石护坡完好、排水畅通、无塌陷,混凝土无开裂破损	
12	下游左岸护坡	块石护坡完好、排水畅通、无塌陷,混凝土无开裂破损	
13	下游右岸护坡	块石护坡完好、排水畅通、无塌陷,混凝土无开裂破损	
14	下游进水池	进水顺畅,无杂物、水草等	
15	上游出水池	出水顺畅,无杂物、水草等	

巡查综述:

检查人:______ 技术负责人:______

泵站定期检查情况汇总表

(一)主电动机

主机名称	工作现状及存在的问题	结论
1# 主电动机		
2# 主电动机		
3# 主电动机		
4# 主电动机		
5# 主电动机		
6# 主电动机		
7# 主电动机		
8# 主电动机		
9# 主电动机		
10# 主电动机		
其 他		

(二)主水泵

水泵名称	工作现状及存在的问题	结论
1# 主水泵		
2# 主水泵		
3# 主水泵		
4# 主水泵		
5# 主水泵		
6# 主水泵		
7# 主水泵		
8# 主水泵		
9# 主水泵		
10# 主水泵		
其 他		

(三)6 kV 系统

部位名称	工作现状及存在的问题	结论
高压断路器		
高压进线开关		
电流、电压互感器		
电容器		

续表

部位名称	工作现状及存在的问题	结论
避雷器		
绝缘子		
高压电缆		
母线及绝缘		
其　他		

（四）低压配电系统

部位名称	工作现状及存在的问题	结论
站用变压器		
动力系统		
照明系统		
干燥系统		
低压电缆		
行车及检修门 起吊装置		
其　他		

（五）控制、保护、测量系统

部位名称	工作现状及存在的问题	结论
控制系统		
保护系统		
测量系统		
信号系统		
直流系统		
其　他		

（六）供、排水、润滑系统

部位名称	工作现状及存在的问题	结论
供水泵及电机		
排水泵及电机		
润滑泵及电机		
莲蓬头及闸阀		
管路系统		

续表

部位名称	工作现状及存在的问题	结论
电机接地		
相应电气部分		
其　他		

（七）压缩空气、抽真空系统

部位名称	工作现状及存在的问题	结论
空压机及电机		
真空泵及电机		
冷却水系统		
真空破坏阀本体		
真空破坏阀电磁阀		
储 气 罐		
压缩空气管路系统		
抽真空管路系统		
相应电气部分		
其　他		

（八）压力油系统

部位名称	工作现状及存在的问题	结论
齿轮油泵及电机		
储能罐		
回 油 箱		
相应电气部分		
其　他		

（九）通风机系统

部位名称	工作现状及存在的问题	结论
风　机		
电　机		
其　他		

（十）土建部分

部位名称	工作现状及存在的问题	结论
主厂房		
副厂房		
进、出水流道		
上、下游引河		
上、下游翼墙		
上、下游护坡		
公路桥		
伸缩缝		
其　他		

（十一）附属设施

分部名称	工程现状及存在的问题	结论
控制室		
启闭机房		
交通道路		
办公设施		
消防设施		
生活设施		
标志标牌		
观测设施		
照明系统		
输电线路		
通信线路		
拦河设施		
警示灯		
绿化		
卫生		
其他		

泵站定期检查记录表

________主电动机　　　　　　　　　　　　　　　　　　　　　　　　　　时间：________

部位名称	检查项目及标准	检查结果	检查人
定子绝缘	≥10 MΩ		
	$R_{60}/R_{15}\geqslant 1.3$		
定子外表	外观整洁、完整		
上、下油缸	无渗漏		
	油位指示器内油位、油质正常		
冷却器	无渗漏		
转子绝缘	≥0.5 MΩ		
转子外表	外观整洁、完整		
空气间隙	间隙均匀、畅通，无杂物卡阻		
滑环、碳刷	碳刷连接软线应完整		
	碳刷与滑环接触应良好，弹簧压力应正常		
	碳刷边缘无剥落现象，磨损较轻		
	刷握、刷架无积垢		
	滑环表面干燥、清洁，无锈迹、无划痕，光洁度高		
测温系统	接线正确、牢固可靠		
	测温数据准确，与现场表计相符		
励磁装置	接线正确、牢固可靠		
	调试正常、工作可靠		
励磁变压器	表面清洁无尘垢		
	运行正常		
其　他			

泵站定期检查记录表

________主水泵　　　　　　　　　　　　　　　　　　时间：________

部位名称	检查项目及标准	检查结果	检查人
动叶轮外圈	无渗漏、无汽蚀或汽蚀轻微		
液压调节机构	调节灵活、可靠，无异常声响		
	现场叶角指示与微机叶角指示相符		
	受油器工作正常，无甩油现象		
动叶头	导水锥完好，无明显汽蚀、破损		
	无明显锈蚀、破损		
	叶轮头无损坏、无渗漏		
叶片与外壳间隙	叶片无汽蚀或汽蚀轻微		
	叶片无碰壳现象，间隙均匀		
检修闸门	止水橡皮完好		
	吊杆、吊耳、卸扣完好		
	钢闸门本体无明显破损、锈蚀或变形		
拦污栅	吊杆、吊耳、卸扣完好		
	拦污栅小门固定牢固		
	金属结构无明显锈蚀、变形、损坏		
进、出水流道	流道内无明显破损、露筋、裂缝		
进人孔	无渗漏		
水导轴承	表面无过度磨损现象		
	间隙符合要求		
长手柄检修闸阀	启闭灵活		
其　他	水泵周围(联轴层、积水坑)清洁		
	联轴层防护罩完好		
	填料密封良好		
	其　他		

泵站定期检查记录表

6 kV 系统　　　　时间：________

部位名称	检查项目及标准	检查结果	检查人
高压断路器	桩头无过热现象		
	部件完整、零件齐全，瓷件、支撑绝缘子无损伤、无放电痕迹		
	操作机构灵活无卡阻，调试后分合闸灵活，指示准确		
	按照规定，定期进行试验		
高压进线开关	桩头无过热现象		
	部件完整、零件齐全，瓷件无损伤、无放电痕迹		
	操作机构灵活无卡阻，调试后分合闸灵活、指示准确		
	按照规定，定期进行试验		
电流、电压互感器	部件完整，瓷件无损伤、无放电现象		
	二次侧接线正确，电流互感器二次侧不开路，外壳接地良好		
	按照规定，定期进行试验		
避雷器	按照规定，定期进行试验		
绝缘子	表面清洁，无损伤、无放电痕迹		
高压电缆	电缆头应无裂纹或受潮现象		
	无机械损伤		
	按照规定，定期进行试验		
母线及绝缘	桩头无过热现象		
	绝缘符合要求		
	支柱瓷瓶及穿墙套管绝缘良好，无污垢		
	构架牢固，无弯曲变形、明显锈蚀		
	母线按相序涂色，绝缘良好		
其　他			

泵站定期检查记录表

低压配电系统　　　　　　　　　　　　　　　　　　　　　　时间：________

部位名称	检查项目及标准	检查结果	检查人
站用变压器	零部件完整齐全，性能良好		
	冷却系统工作正常可靠		
	表计、信号、保护完备，符合规程要求		
	变压器本身及周围环境整洁，必要的标志、编号齐全		
	高低压接线桩头紧固可靠、示温片未熔化		
	设备基础、接地良好		
	按照规定，定期进行试验		
动力系统	盘面仪表齐全良好，开关分合闸指示明显、正确		
	操作机构灵活可靠，辅助接点接触良好		
照明系统	灯具、开关、插座完好，工作正常		
	线路绝缘良好		
	事故照明系统正常		
干燥系统	线路绝缘良好		
低压电缆	电缆头应无裂纹或受潮现象		
	无机械损伤		
行车装置	按照规定，定期进行检验		
其　他			

泵站定期检查记录表

测量、控制、保护、监控系统　　　　时间：________

部位名称	检查项目及标准	检查结果	检查人
测量系统	仪表正常，数据显示正确，表计准确度在规范规定范围内		
控制系统	盘柜清洁，端子及各连接件紧固、可靠		
信号系统	盘柜清洁，端子及各连接件紧固		
	信号准确可靠		
直流系统	盘柜清洁，端子及各连接件紧固、可靠		
测温系统	完好，温度显示正常		
监控系统	摄像头完好，图像显示清晰		
其　他			

泵站定期检查记录表

供、排水系统　　　　　　　　　　　　　　　　　　　　　　　　　时间：________

部位名称	检查项目及标准	检查结果	检查人
供水泵及电机	表计及相关零部件完好,指示准确		
	填料密封良好		
	叶片无碰擦、卡死现象		
	轴承润滑良好		
	电机工作正常,风叶完好		
排水泵及电机	表计及相关零部件完好,指示准确		
	叶片无碰擦、卡死现象		
	轴承润滑良好		
	电机工作正常,风叶完好		
闸　阀	供水系统闸阀(含逆止阀)开闭指示正确,无泄漏现象		
	排水系统闸阀(含底阀)开闭指示正确,无泄漏现象		
管路系统	供水管路及附件:供水管路标示完好,无“跑冒滴漏”现象		
	排水管路及附件:排水管路标示完好,无“跑冒滴漏”现象		
电机接地	1号供水泵电机接地良好		
	2号供水泵电机接地良好		
	1号排水泵电机接地良好		
	2号排水泵电机接地良好		
相应电气部分	绝缘良好,正常可靠		
其　他			

泵站定期检查记录表

压缩空气系统　　　　时间：________

部位名称		检查项目及标准	检查结果	检查人
空压机及电机		零部件完整齐全		
		表计完好，指示准确		
		冷却系统工作正常可靠		
		空压机及电机运转正常可靠		
真空泵及电机		零部件完整齐全		
		表计完好，指示准确		
		气水分离器完好		
		真空泵及电机运转正常可靠		
润滑油泵及电机		零部件完整齐全		
		表计完好，指示准确		
		润滑油泵及电机运转正常可靠		
压力油泵及电机		零部件完整齐全		
		表计完好，指示准确		
		压力油泵及电机运转正常可靠		
冷却水系统		管路及附件无跑、冒、滴、漏、锈、污现象		
真空破坏阀	本体	动作安全、灵活、可靠		
	电磁阀	电磁阀工作正常		
储气罐		完好，无漏气		
		配套安全阀定期检验		
压缩空气管路系统		表计完好，指示准确，闸阀等附件完好，性能可靠，符合要求		
润滑油及压力油管路和附件		无跑、冒、滴、漏、锈、污现象		
相应电气部分		绝缘良好，正常可靠		
其　他				

泵站定期检查记录表

稀油站 时间：________

部位名称	检查项目及标准	检查结果	检查人
油泵及电机	零部件完整齐全		
	表计完好，指示准确		
	压力油泵及电机运转正常可靠		
冷却水系统	管路及附件无跑、冒、滴、漏、锈、污现象		
油管及附件	无跑、冒、滴、漏、锈、污现象		
相应电气部分	绝缘良好，正常可靠		

通风机 时间：________

部位名称	检查项目及标准	检查结果	检查人
电　机	电机完好，转动灵活		
	绝缘合格		
	风叶完好		
轴　承	润滑良好		
叶　片	无碰擦、卡死现象		
电气部分	电气控制、信号正常，绝缘良好		
其　他			

水下检查记录表

工程名称		时间	年　　月　　日
检查部位	检查内容与要求		检查情况及存在的问题
拦污栅、检修门槽	拦污栅前后淤积情况，门槽有无树根、块石等杂物，杂物应予清除		
伸缩缝	有无错缝，缝口有无破损，填料有无流失		
底板、护坦、消力池	混凝土有无剥落、露筋、裂缝，有无异常磨损，消力池内有无块石，块石应予清除		
水下护坡	有无坍塌		
其他			
检查目的			
对今后工程管理的建议			
建筑物运行状态及水文、气候情况	上游水位：　　m　下游水位：　　m　风向： 风力：　　天气：　　气温：　　℃		
作业时间	自　　时　　分起至　　时　　分止		
作业人员	信号员：　　记录员：　　潜水班负责人： 潜水员：　　其他有关人员：		

管理单位负责人：　　　　　　　　技术负责人：

附录 C 工程评级相关记录表式

设备等级评定汇总表

单位工程名称： 填表日期 年 月 第 页 共 页

设备名称、型号	投运日期	大修日期	试验日期	自评日期	自评等级			降级原因	认可等级			理由
					一类	二类	三类		一类	二类	三类	

设备等级评定情况表

<table>
<tr><td rowspan="2">工程名称</td><td rowspan="2"></td><td rowspan="2">工程规模</td><td rowspan="2"></td><td colspan="2">竣工日期</td><td colspan="3"></td></tr>
<tr><td colspan="2">改造日期</td><td colspan="3"></td></tr>
<tr><td rowspan="2">单位设备名称</td><td rowspan="2">等级</td><td rowspan="2">单项设备名称</td><td rowspan="2">规格型号</td><td rowspan="2">数量</td><td colspan="3">等级</td><td rowspan="2">完好率（%）</td></tr>
<tr><td>一类</td><td>二类</td><td>三类</td></tr>
<tr><td></td><td></td><td></td><td></td><td></td><td></td><td></td><td></td><td></td></tr>
<tr><td></td><td></td><td></td><td></td><td></td><td></td><td></td><td></td><td></td></tr>
<tr><td></td><td></td><td></td><td></td><td></td><td></td><td></td><td></td><td></td></tr>
<tr><td></td><td></td><td></td><td></td><td></td><td></td><td></td><td></td><td></td></tr>
<tr><td></td><td></td><td></td><td></td><td></td><td></td><td></td><td></td><td></td></tr>
<tr><td></td><td></td><td></td><td></td><td></td><td></td><td></td><td></td><td></td></tr>
<tr><td></td><td></td><td></td><td></td><td></td><td></td><td></td><td></td><td></td></tr>
<tr><td></td><td></td><td></td><td></td><td></td><td></td><td></td><td></td><td></td></tr>
<tr><td></td><td></td><td></td><td></td><td></td><td></td><td></td><td></td><td></td></tr>
<tr><td></td><td></td><td></td><td></td><td></td><td></td><td></td><td></td><td></td></tr>
<tr><td></td><td></td><td></td><td></td><td></td><td></td><td></td><td></td><td></td></tr>
<tr><td></td><td></td><td></td><td></td><td></td><td></td><td></td><td></td><td></td></tr>
<tr><td></td><td></td><td></td><td></td><td></td><td></td><td></td><td></td><td></td></tr>
<tr><td></td><td></td><td></td><td></td><td></td><td></td><td></td><td></td><td></td></tr>
<tr><td></td><td></td><td></td><td></td><td></td><td></td><td></td><td></td><td></td></tr>
<tr><td></td><td></td><td></td><td></td><td></td><td></td><td></td><td></td><td></td></tr>
<tr><td>评级情况综述</td><td colspan="8"></td></tr>
<tr><td rowspan="2">评级组织</td><td colspan="4">评级单位自评：</td><td colspan="4">上级主管部门认定：</td></tr>
<tr><td colspan="4">负责人：
组成人员：</td><td colspan="4">负责人：
认定人员：</td></tr>
</table>

水泵设备评级表

机组号 ：　　　　　　　　　　　　　　　　　　　　评定日期：

设备单元	评定项目及标准	检查结果		单元等级			备注
		合格	不合格	一	二	三	
叶片调节机构	调节灵活、限位可靠、无异常声响						
	叶角指示正确						
	机构表面清洁，无油迹						
水泵轴	轴颈表面无锈蚀，无擦伤、碰痕						
	轴颈光洁度符合要求，无过度磨损						
	大轴无弯曲						
联轴器	间隙符合要求						
	联轴器表面清洁、无油迹，周围环境清洁，泵盖处无积水						
	防护链完好						
填料函	填料函与水泵轴四周间隙均匀						
	填料函密封良好						
水导轴承	表面无烧伤、无过度磨损现象						
	轴承间隙符合要求						
水泵外壳	表面清洁、无锈蚀						
	无渗漏						
叶轮室	叶轮头密封良好，无损坏、无渗漏						
	叶片及叶轮外壳无或少量汽蚀						
	叶片无碰壳现象，间隙符合要求						
进人孔	无渗漏现象						
指示信号装置	压力表、示流计工作正常，指示准确						
	表计端子及连接线紧固、可靠						
运行性能	运行噪声符合要求						
	运行振动符合要求						
	运行摆度符合要求						
安装要求	同心、摆度、中心、间隙等安装技术参数合格						
技术资料	图纸资料齐全						
	检修资料、检修记录齐全						
	试验资料齐全						

设备等级评定		数量	百分比	评定等级
	一类单元			
	二类单元			
	三类单元			

检查：________　　记录：________　　责任人：________

电机设备评级表

机组号：　　　　　　　　　　　　　　　评定日期：　　　　　　　　　　　　　　　第1页　共2页

设备单元	评定项目及标准	检查结果		单元等级			备注
		合格	不合格	一	二	三	
上机架、上油缸	表面清洁、无锈蚀						
	油缸无渗漏油现象						
	冷却器无渗漏，运行正常，冷却效果良好						
	油位、油质符合要求						
碳刷滑环	碳刷完整良好，连接软线完整、无脱落						
	碳刷与滑环接触良好，弹簧压力符合要求						
	碳刷边缘无剥落，磨损正常						
	刷握、刷架无积垢，滑环表面干燥清洁，无锈迹、无划痕，光洁度符合要求						
转子	表面清洁，绕组无变形、损伤						
	磁极接头、阻尼装置、风叶、引线牢固						
	绝缘良好，试验数据合格						
上导轴承	轴承间隙符合标准						
	运行温度正常						
	测温元件良好						
推力头、推力瓦	表面清洁，无锈迹、无划痕，光洁度符合要求						
	表面无烧伤、无过度磨损现象						
	运行瓦温正常，测温元件良好						
定子	表面清洁						
	绝缘良好，试验数据合格						
	定子绕组端部无变形，槽楔、垫块绑扎紧固						
	空气间隙均匀、无杂物						

电机设备评级表

机组号：　　　　　　　　　　评定日期：　　　　　　　　　　第 2 页　共 2 页

设备单元	评定项目及标准	检查结果		单元等级			备注
		合格	不合格	一	二	三	
下导轴承	轴承间隙符合标准						
	运行温度正常						
	测温元件良好						
下机架、下油缸	表面清洁、无锈蚀						
	油缸无渗漏油现象						
	冷却器无渗漏，运行正常，冷却效果良好						
	油位、油质符合要求						
联轴器	间隙符合要求						
	联轴器表面清洁、无油迹						
	周围环境清洁、无杂物，泵盖处无积水						
信号装置	电压表、电流表工作正常，指示准确						
	压力表、温度计工作正常，指示准确						
	示流计指示正常						
	表计端子及连接线紧固、可靠						
运行性能	机组运行噪声符合要求						
	机组振动符合要求						
	机组摆度符合要求						
安装要求	同心、摆度、中心、间隙等安装技术参数合格						
技术资料	图纸资料齐全						
	检修资料、检修记录齐全						
	试验资料齐全						
设备等级评定		数量	百分比	评定等级			
	一类单元						
	二类单元						
	三类单元						

检查：________　　记录：________　　责任人：________

变压器设备评级表

站变号：　　　　　　　　　　　　　　　　　　　　　　　　　评定日期：

设备单元	评定项目及标准	检查结果		单元等级			备注
		合格	不合格	一	二	三	
变压器本体	表面清洁						
	绝缘良好，试验数据合格						
	高低压绕组表面清洁、无变形，绝缘完好，无放电痕迹，引线桩头、垫块、绑扎紧固						
	铁芯一点接地且接地良好						
分接档位	运行档位正确，指示准确，接触良好						
高低压桩头	接线牢固、示温片未熔化						
	高低压桩头清洁，瓷柱无裂纹、破损、闪络放电痕迹						
	高低压相序标识清晰正确						
温控仪	接线可靠，温度指示准确						
	风机开停机温度设置正确						
接地	接地电阻符合要求						
风机	接线牢固，运行良好						
指示信号装置	温度计工作正常，指示准确						
	表计端子及连接线紧固、可靠						
运行性能	运行无异常振动、声响						
	运行温度符合要求						
技术资料	图纸资料齐全						
	检修资料、检修记录齐全						
	试验资料齐全						

设备等级评定		数量	百分比	评定等级
	一类单元			
	二类单元			
	三类单元			

检查：________　　记录：________　　责任人：________

附录 D　工程观测相关记录表式

测压管水位统计表

观测时间				水位(m)		测压管水位(m)					
月	日	时	分	上游	下游						

垂直位移观测成果表

始测日期		年 月　日	上　次 观测日期	年 月　日	本　次 观测日期	年 月　日	间隔　天
测　点		始测高程 (m)	上　次 观测高程 (m)	本　次 观测高程 (m)	间隔位移量 (mm)	累计位移量 (mm)	备　注
部位	编号						

垂直位移量变化统计表

测点		累计位移量(mm)							
部位	编号	年 月　日	年 月　日	年 月　日	年 月　日	年 月　日	年 月　日	年 月　日	年 月　日
统计	部位	最大累计位移量(mm)	测点编号	观测日期	历时(a)	相邻最大不均匀量(mm)	相邻两测点部位、编号	观测日期	历时(a)

河道断面观测成果表

断面编号			里程桩号			观测日期		
点号	起点距(m)	高程(m)	点号	起点距(m)	高程(m)	点号	起点距(m)	高程(m)

注：起点距从左岸断面桩起算，以向右为正，向左为负。

河道断面冲淤量比较表

工程竣工日期：　　年　月　日　　上次观测日期：　　年　月　日　　本次观测日期：　　年　月　日

计算水位：　　m

断面编号	里程桩号	计算水位断面宽(m)			深泓高程(m)			断面积(m^2)			断面间距(m)	河床容积(m^3)			间隔冲淤量(m^3)	累计冲淤量(m^3)
		标准断面	上次观测	本次观测	标准断面	上次观测	本次观测	标准断面	上次观测	本次观测		标准断面	上次观测	本次观测		

建筑物伸缩缝观测记录表

日期		伸缩缝编　号	标点间水平距离(mm)			标点坐标(mm)			气温(℃)	水位(m)		备注
月	日		a	b	c	x	y	z		上游	下游	

观测：________　　记录：________　　一校：________　　二校：________

建筑物伸缩缝观测成果表

单位：mm

始测日期					上次观测日期						本次观测日期						间隔　　天				
编号	位置	始测			上次观测			本次观测			间隔变化量			累计变化量			气温(℃)	水位(m)		备注	
		x	y	z	x	y	z	x	y	z	Δx	Δy	Δz	Δx	Δy	Δz		上游	下游		

附录 E　工程维修养护相关记录表式

设备修试记载卡片

卡片编号：________

设备名称：____________　代号：____________　编号：____________

制造厂铭牌：____________　型号：____________　产品编号：____________

出厂时间：________年________月　生产厂家：__________________

首次投运日期：________________

管理单位：____________________

登记人：________　单位负责人：________　编制日期：________年______月______日

检修试验记载

第________页

修试时间	修试项目	结果或数据	修试者	备注

附录 F　安全生产相关记录表式

安全生产全年工作安排一览表

序号	工作内容	时间	备注
1	元旦假日期间安全生产工作	元旦前后	
2	春节假日期间安全生产工作	春节前后	
3	汛前安全生产大检查	4 月份	
4	防汛防台工作	汛期	
5	“五一”假日期间安全生产工作	“五一”前后	
6	“安全生产月”活动计划(方案)	5 月 25 日前	
7	“安全生产月”活动	6 月份	
8	“安全生产月”活动总结	6 月 25 日前	
9	“十一”假日期间安全生产工作	“十一”前后	
10	汛后安全大检查	10 月份	
11	冬季安全生产工作	11 月至次年 2 月	
12	年度安全生产工作计划、总结	12 月 10 日前	
13	年度安全资料汇编成册	12 月底	长期存档
14	安全组织机构人员调整、制度修订	随时	填入台账
16	新(转岗)职工岗前安全培训(教育)	随时	填入台账
17	经营工地安全生产工作情况(组织网络、安全措施、检查情况)	随时	详细记录
18	安全信息报道	随时	
19	特种设备注册、检测及特种作业人员持证上岗情况登记	随时	填入台账
20	安全月报	每月 25 日前	
21	安全生产活动	每月 1 次以上	填入台账
22	安全生产检查	每月 1 次以上	详细记录
23	月度安全生产工作计划、总结	每月 25 日	填入台账

安全生产组织机构

组　长	
安全员	

组织网络图：

安全组织调整情况：

安全生产活动记录

活动主题			
活动时间		活动地点	
参加人员			
主持人		记录人	
活动内容			
活动效果			

______年______月事故隐患排查治理统计分析表

	序号	隐患名称	检查日期	发现隐患的人员	隐患评估	整改措施	计划完成日期	实际完成日期	整改负责人	复验人	未完成整改原因	采取的监控措施
本月查出隐患												
本月前发现隐患												
本月查出隐患　　项，其中本单位自查出　　项，隐患自查率　　　%；本月应整改隐患　　项，实际整改合格　　项，隐患整改率　　　%。												

单位领导(签字)：　　　　　　　　　　　　　　填表人(签字)：

安全事故登记表

事故部位			发生时间		
气象情况			记录人		
伤害人姓名	伤害程度	工种及级别	性别	年龄	备注
事故经过及原因					
经济损失	直接		间接		
处理结果					
预防事故重复发生的措施					

应急预案演练记录

演练内容			
演练时间		演练地点	
负责人		记录人	
参加人员			
演练方案			
演练总结			

附录G 档案资料相关记录表式

借阅档案登记表

序号	日期	单位	案卷或文件题名	利用目的	期限	卷号	借阅人签字	归还日期	备注

档案库房温湿度记录表

库房号	时间(年/月/日/时/分)	温度(℃)	湿度(%RH)	记录人	备注

附录 H 水政管理相关记录表式

行政执法巡查记录

编号：

巡查时间	
巡查地点或线路	
巡查情况	
对巡查出的问题所采取的措施	
巡查人员签名	
巡查负责人签名	
备注	

水行政执法巡查月报表

（ 年 月）

填报单位：

巡查人次	巡查次数	巡查重点	违章建筑（m^2）	违章圈圩（亩/处）	违章取土（起）	违章占用（m^2）	违章种植（亩）	违章凿井（眼）	网、簖	违章坝埂道	非法采砂船（只）	备注
		水工程管理范围										
案件查处数（件）	案件受理（件）		案件类型（件）						案件执行情况			备注
	现场处理	立案查处	水资源案	河道案	水工程案	水土保持案	非法采砂案	其他案	结案数	上月遗留数	当月查结数	

典型情况（具体事由及处理情况）：

审核人： 填报人： 联系电话： 填报日期： 年 月 日

附录I 控制运用作业指导书示例

第一节 适用范围

本作业指导书用于指导××泵站工程调度、设备操作、运行值班等全过程管理。

第二节 编制依据

泵站控制运用编制依据主要有：
DB32/T 1360—2009《泵站运行规程》
GB/T 30948—2014《泵站技术管理规程》
SL 317—2004《泵站安装及验收规范》
DL/T 603—2006《气体绝缘金属封闭开关设备运行及维护规程》
DL/T 587—1996《微机继电保护装置运行管理规程》
DL/T 596—1996《电力设备预防性试验规程》
DL/T 572—95《电力变压器运行规程》
DL/T 724—2000《电力系统用蓄电池直流电源装置运行与维护技术规程》
SD 252—88《全国地方小型火力发电厂电气运行规程》
GB 26860—2011《电力安全工作规程(发电厂和变电站电气部分)》
《江苏省泵站技术管理办法》
《××泵站技术管理细则》
《××泵站运行规程》

第三节 基本情况

3.1 工程概况

××泵站于1973年11月开始建设，1977年12月竣工，2008年9月至2010年6月泵站进行了更新改造。改造后安装 7 台 ZLQ30-7.8 型液压全调节立式轴流泵，叶轮直径 2.9 m，单机流量 30 m^3/s，设计扬程 7.8 m，配套为 TL3400-40 型 3 400 kW 立式同步电动机，总抽水能力 210 m^3/s。配备 S10-31500/110 型主变压器，110 kV 主电源由江都抽水站专用变电所经架空线路转供。

泵站采用堤后式结构，进水为肘形流道，出水为虹吸式弯管流道，真空破坏阀断流。出水管中间段两端分别搁置在站身和出口挡土墙上。站身由主厂房、副厂房、公路桥、工作桥、工作便桥组成。上下游翼墙采用浆砌块石连拱式挡土墙。主厂房底板分为 2 块，2 块底板之间设有伸缩缝。主厂房自上而下分为主机层、检修层、进人孔层、水泵层。副厂房建在虹吸式出水流道的顶部，布置有真空破坏阀、空压机等设备，主机层东侧为检修工场。2008 年 9 月更新改造时，在主厂房西侧旧控制楼原址上新建控制楼，布置有高、低压开关室，保护、励磁室，主变压器、站用变压器、励磁变压器室，控制室和 110 kV GIS 开关室，主厂房北侧布置有现地监控、辅机开关柜及职工更衣间等。

改造时对自动化监控系统进行了更新，采用微机集中控制，实现了微机控制、微机监视、微机测量、微机保护、视频监视等，与以处集中调度系统为中心的江都水利枢纽工程监控网相连接，支持与已建江苏省防汛调度计算机网络系统的互连，以及具备与南水北调东线工程调度运行管理网络系统互连的条件。

3.2 工程设计指标及主要设备技术参数

表 3-1 ××泵站基本情况表

<table>
<tr><td colspan="2">所在地</td><td colspan="2">江都区仙女镇</td><td>所在河流</td><td colspan="2">里运河</td><td>运用性质</td><td colspan="3">灌溉、排涝、调水</td></tr>
<tr><td colspan="2" rowspan="2">泵站规模</td><td rowspan="2">大(1)</td><td rowspan="2">泵站等别</td><td rowspan="2">I</td><td rowspan="2">主要建筑物级别</td><td rowspan="2">2</td><td rowspan="2" colspan="2">建筑物防洪标准(a)</td><td>设计</td><td>100</td></tr>
<tr><td>校核</td><td>300</td></tr>
<tr><td colspan="2">主泵房总长(m)</td><td>59.4</td><td>工程造价(万元)</td><td>1 595.7</td><td colspan="2">开工日期</td><td>1973.11</td><td>竣工日期</td><td colspan="2">1977.12</td></tr>
<tr><td colspan="2">主泵房总宽(m)</td><td>22.1</td><td>改造经费概算(万元)</td><td>6 286.69</td><td colspan="2">开工日期</td><td>2008.9</td><td>竣工日期</td><td colspan="2">2010.6</td></tr>
<tr><td colspan="2">装机功率(kW)</td><td>23 800</td><td>台数</td><td>7</td><td colspan="2">装机流量(m^3/s)</td><td>210</td><td>设计扬程(m)</td><td colspan="2">7.8</td></tr>
<tr><td rowspan="4">主水泵</td><td rowspan="2">型式</td><td colspan="3">立式全调节轴流泵</td><td rowspan="4">主电机</td><td rowspan="2">型式</td><td colspan="4">立式同步电动机</td></tr>
<tr><td colspan="3">ZLQ30-7.8</td><td colspan="4">TL3400-40</td></tr>
<tr><td>台数</td><td>7</td><td>每台流量(m^3/s)</td><td>30.2</td><td>台数</td><td>7</td><td colspan="2">每台功率(kW)</td><td>3 400</td></tr>
<tr><td>转速(r/min)</td><td>150</td><td>传动方式</td><td>直联</td><td>电压(kV)</td><td>6</td><td colspan="2">转速(r/min)</td><td>150</td></tr>
<tr><td colspan="2">110 kV GIS</td><td>型号</td><td colspan="2">ZF10-126T</td><td colspan="2">额定电压</td><td>126 kV</td><td>额定电流</td><td colspan="2">2 000 A</td></tr>
</table>

续表

<table>
<tr><td rowspan="2">主变压器</td><td>型号</td><td colspan="4">S10-31500/110</td><td colspan="2">输电线路电压(kV)</td><td>110</td></tr>
<tr><td>总容量(kVA)</td><td>31 500</td><td>台数</td><td colspan="2">1</td><td>所属变电所</td><td colspan="2">江都站</td></tr>
<tr><td colspan="2">主站房起重设备</td><td>桥式行车</td><td>起重能力(t)</td><td>30/5</td><td colspan="2">断流方式</td><td colspan="2">真空破坏阀</td></tr>
<tr><td rowspan="2">闸门结构型式</td><td>上游</td><td colspan="2">无</td><td rowspan="2">启闭机型式</td><td>上游</td><td colspan="3">无</td></tr>
<tr><td>下游</td><td colspan="2">平面钢闸门</td><td>下游</td><td colspan="3">QP-2×50 kN 绳鼓式启闭机</td></tr>
<tr><td colspan="2">进水流道形式</td><td colspan="2">肘形流道</td><td colspan="3">出水流道形式</td><td colspan="2">虹吸式流道</td></tr>
<tr><td rowspan="2">主要部位高程(m)</td><td>站房底板</td><td>−9.1</td><td>水泵层</td><td>−4.5</td><td>电机层</td><td>8.2</td><td>副站房</td><td>11.7</td></tr>
<tr><td>叶轮中心</td><td>−3.5</td><td>上游护坦</td><td>−2.0</td><td>下游护坦</td><td>−7.5</td><td>驼峰底</td><td>9.0</td></tr>
<tr><td>交通桥</td><td>净宽(m)</td><td>4.5</td><td>桥面高程(m)</td><td>10.0</td><td>设计荷载</td><td>汽−20</td><td>高程基准面</td><td>废黄河</td></tr>
<tr><td rowspan="3">站身水位组合</td><td colspan="2">设计水位(m)</td><td>下游</td><td colspan="2">灌溉 0.7 排涝 1.0</td><td>上游</td><td colspan="2">灌溉 8.5 排涝 6.3</td></tr>
<tr><td colspan="2">校核水位 1(m)</td><td>下游</td><td colspan="2">−1.0</td><td>上游</td><td colspan="2">8.5</td></tr>
<tr><td colspan="2">校核水位 2(m)</td><td>下游</td><td colspan="2">−1.9</td><td>上游</td><td colspan="2">9.0</td></tr>
<tr><td>观测项目</td><td colspan="8">垂直位移、河床变形、测压管扬压力、伸缩缝、水位等</td></tr>
</table>

注：改造工程竣工日期以单位工程验收时间为准。

第四节　工作任务及职责分工

4.1　工作任务

××泵站工程控制运用工作任务主要包括调度管理、设备操作和运行值班等。

4.1.1　调度管理

a. 应根据泵站规划设计要求和处防汛防旱调度方案制定泵站控制运用原则，报工管科批准，并接受其监督。

b. 泵站的控制运用，由管理处根据江苏省防汛防旱指挥部办公室的指令进行统一调度，管理所遵照执行，不得接受其他任何单位或个人的指令。

c. 对处防办下达的调度指令应详细记录、认真复核，在工程调度管理系统中打印调度任务表。指令执行完毕，应立即向处防办报告，并在工程调度管理系统中完成调度操作记录。若因设备突发故障一时难以执行，应向处防办如实汇报，并及时组织抢修。

d. 泵站配套变电所转供电应根据管理处防办指令执行，同时严格执行扬州供电公司区调、江都区供电公司区调调度。

4.1.2　设备操作

a. 机电设备的操作应按规定的操作程序进行，严格执行操作票制度。

b. 运行操作应在上位机监控系统中进行，按上位机操作票的顺序进行操作；操作人员接到命令后，打开操作票界面，并根据现场和操作票的要求进行操作。

c. 电气闭锁回路只有在试验、检修时才可解除，在运行状态下禁止解除闭锁；禁止在电气开关机构操作箱进行合闸操作，紧急情况下可进行分闸操作。

d. 机电设备启动过程中应注意机电设备的声音、振动等情况。

e. 运行机组变动，需报上级主管部门备案。

4.1.3 运行值班

a. 值班人员数量和业务能力应满足安全运行要求，应熟练掌握设备操作规程和程序，具有事故应急处理能力及一般故障的排查能力。

b. 值班人员应严格执行交接班制度，严格遵守各项规章制度，不得擅自离开工作岗位。

c. 运行值班人员应密切关注机组运行工况，监视各运行技术参数，不得做与值班无关的事。

d. 运行人员值班期间，应按规定的巡视路线和项目对运行设备、备用设备进行认真的巡视检查，并摘录运行的主要参数。

e. 每班次对全部设备巡视检查应不少于 4 次；每 2 小时对进出水池、机电设备巡查 1 次，遇有特殊情况，应增加巡查次数。

f. 运行值班人员应根据工程和机组配套的实际情况，密切注视水情的变化，根据水泵装置特征曲线，调整机组的运行状态尽可能实现最优经济运行。

g. 机电设备运行过程中发生故障应查明原因及时处理，当机电设备故障危及人身安全或可能损坏机电设备时应立即停止运行，并及时向上级主管部门报告。

4.2 职责分工

a. 运行期间管理所设总值班，负责泵站的运行调度，掌握泵站设备运行状况，发生事故时组织泵站人员进行事故处理。总值班一般由站(所)负责人或技术负责人担任。

b. 按四值三班轮换制配备人员。每运行班设一名值班长，配备 1～2 名值班员。

c. 值班长负责运行班人员分工及当班安全运行工作，接受总值班的开停机命令，与变电所联络停送电，签发操作命令票和检修工作票，检查值班员对安全和运行规程的执行情况，在保证安全的条件下，安排值班人员排除值班时间内发生的故障。

d. 值班员负责职责范围内的巡视检查、设备操作、值班记录工作，并根据值班长的安排进行应急检修工作。

e. 值班人员在当班时间内应严格遵守各项规章制度，不得擅自离开工作岗位，不得做与值班无关的事，不得擅自将非运行人员带入值班现场，不得酒后上班。须着装整洁，思想集中，做好安全保卫工作。

f. 技术人员负责检查各运行班的安全运行，对运行资料进行检查、分析、管理，对运行中必需的维修和故障抢修进行技术指导。

第五节　运行操作要求

5.1　运行操作要求

a. 泵站值班人员应了解工程的设计功能以及所在流域的作用，能熟练操作各项设备，并具有应急处置工程突发事件的能力。

b. 运行期间应随时检查电话、网络等通信设施，保持24h通信畅通。

5.2　运行操作原则

a. 局部服从全局，兴利服从抗灾，统筹兼顾。

b. 按照有关规定和协议合理运用。

c. 综合利用水资源。

d. 本工程应与枢纽相关工程密切配合运用。

5.3　运行操作依据

应根据泵站规划设计的工程特征值，结合工程现状确定有关指标，作为控制运用的依据。

a. 上、下游最高水位、最低水位。

b. 最大允许抽水流量、最大单机流量、最大单机功率。

c. 最大扬程及相应的上、下游水位。

d. 上、下游河道的安全水位和流量。

泵站设计标准为二级，水位组合及历史特征如表5-1—表5-3所示。

表5-1　泵站改造前运行水位组合表

工作情况		长江三江营潮水位(m)	抽水站下游水位(m)	抽水站上游水位(m)	净扬程(m)
设计	灌溉期	1.77	1.67	8.50	6.83
	冬春抽水	0.30	0.00	8.50	8.50
	排涝		−1.0	6.30	7.3
校核水位			−1.7	9.00	10.7

表 5-2　泵站改造后运行水位组合表

项目			单位	参数	
				站下	站上
水位	调水	设计	m	0.7	8.5
		最低	m	—0.3	6.0
		最高	m	5.0	8.5
	排涝设计		m	1.0	6.3
	防洪		m	5.0	9.0
净扬程	调水	设计	m	7.8	
		平均	m	6.4	
		最小	m	3.5	
		最大	m	8.8	
	排涝设计		m	5.3	
流量	供水		m^3/s	180(全站合计 210)	
	排涝		m^3/s	180(全站合计 210)	

表 5-3　泵站历史特征值

	特征值	发生日期	相应水位		备注
			上游	下游	
上游最高水位(m)	8.43	1981-06-25			抗旱运行
上游最低水位(m)	2.12	1985-03-21			
下游最高水位(m)	5.30	1989-10-16			自流引江泵站未运行
下游最低水位(m)	—1.50	2006-04-8	6.33		工程加固

第六节　运行操作步骤

6.1　运行操作流程

根据运行规程和操作要求，绘制运行操作流程。××泵站运行操作流程图如图 6-1 所示。

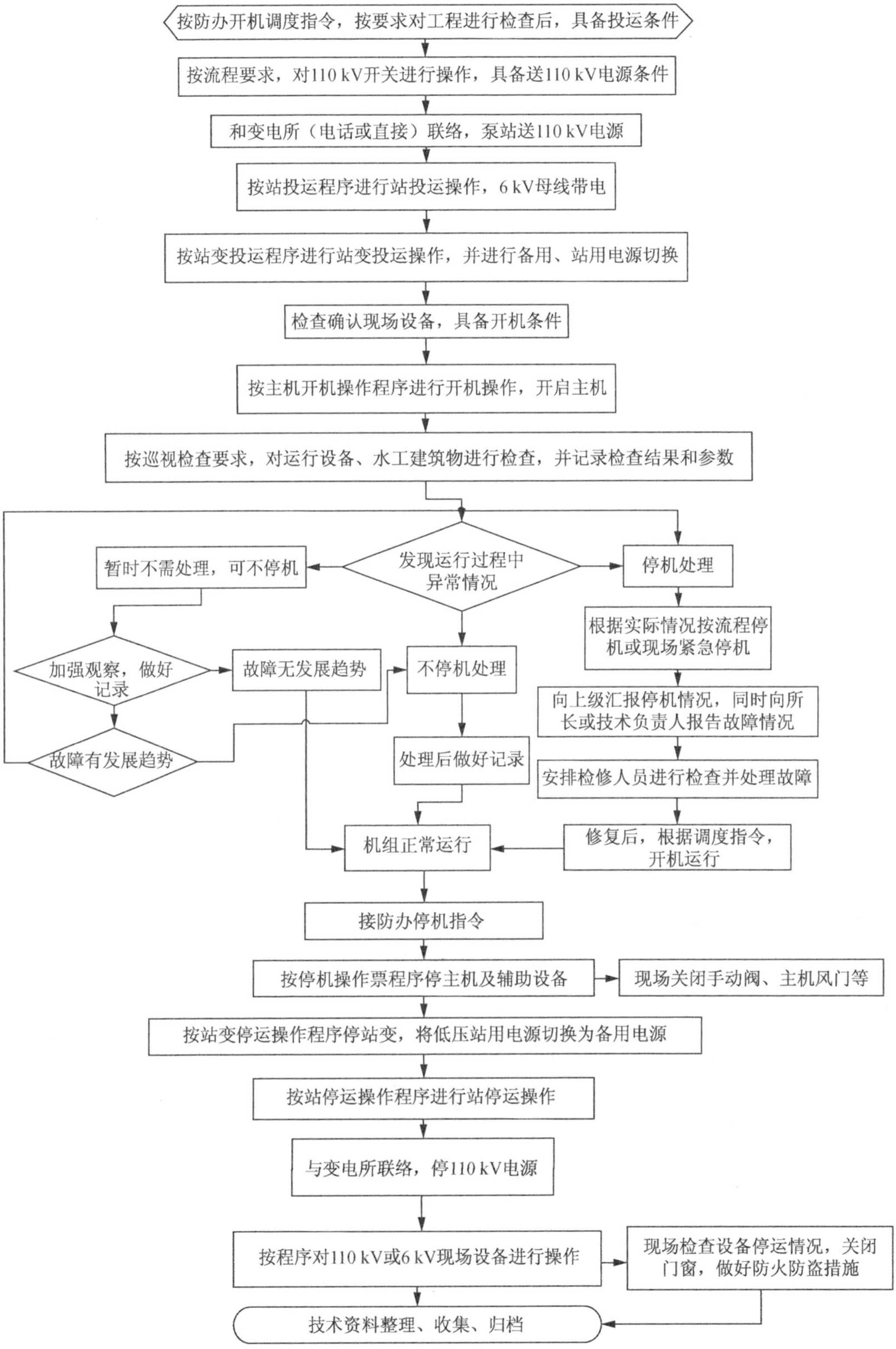
按防办开机调度指令，按要求对工程进行检查后，具备投运条件
按流程要求，对110 kV开关进行操作，具备送110 kV电源条件
和变电所（电话或直接）联络，泵站送110 kV电源
按站投运程序进行站投运操作，6 kV母线带电
按站变投运程序进行站变投运操作，并进行备用、站用电源切换
检查确认现场设备，具备开机条件
按主机开机操作程序进行开机操作，开启主机
按巡视检查要求，对运行设备、水工建筑物进行检查，并记录检查结果和参数
暂时不需处理，可不停机
发现运行过程中异常情况
停机处理
根据实际情况按流程停机或现场紧急停机
加强观察，做好记录
故障无发展趋势
不停机处理
向上级汇报停机情况，同时向所长或技术负责人报告故障情况
故障有发展趋势
处理后做好记录
安排检修人员进行检查并处理故障
机组正常运行
修复后，根据调度指令，开机运行
接防办停机指令
按停机操作票程序停主机及辅助设备
现场关闭手动阀、主机风门等
按站变停运操作程序停站变，将低压站用电源切换为备用电源
按站停运操作程序进行站停运操作
与变电所联络，停110 kV电源
按程序对110 kV或6 kV现场设备进行操作
现场检查设备停运情况，关闭门窗，做好防火防盗措施
技术资料整理、收集、归档

图 6-1　运行操作流程图

6.2 投运前的检查准备工作

6.2.1 水工建筑物检查

6.2.1.1 上下游引河检查

a. 检查泵站上、下游河道是否有漂浮物，应无异物影响主机组安全运行，如图 6-2—图 6-3 所示。

图 6-2 上游引河检查图

图 6-3 下游引河检查图

b. 检查是否存在捕鱼、钓鱼等现象。

c. 检查管理范围内是否存在违章施工、违章搭建、违章种植、取土等现象。

6.2.1.2 建筑物检查

a. 主副厂房应无破损、露筋，门窗应完好，无渗水漏雨现象，排水设施应完好畅通。

b. 交通桥、工作桥、大梁混凝土应无破损、露筋，栏杆应无损坏，交通桥应畅通。

c. 翼墙伸缩缝应完好，填料无流失，伸缩缝内无杂草、杂树生长；块石挡土墙块石无松动、脱落；翼墙栏杆应完好，无破损、露筋；混凝土盖顶无破损，无异常裂缝；翼墙内填土无流失，绿化完好。

d. 进水池、引河拦河设施、整流设施应完好；河道内无大面积异常漂浮物。

e. 观测设施垂直位移标点完好，无破损或缺失；河道断面桩完好，无缺失；伸缩缝标点完整齐全。

f. 管理范围内警示、宣传标志完好；无垃圾等异物堆放在管理范围内；绿化完好；界桩完好齐全。

6.2.1.3 检修闸门位置检查

每台水泵机组均有 2 个检修闸门孔，应现场确认检修闸门处在吊出位置，如图 6-4 所示。

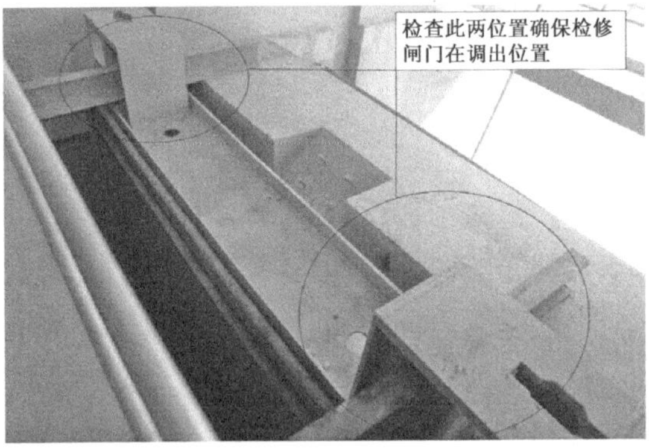

图 6-4　检修闸门吊出位置图片

6.2.2　机电设备检查

6.2.2.1　临时接地线及接地刀闸位置检查

a. 对所有与设备安全防护措施相关的接地线、接地刀闸位置进行检查。

b. 110 kV 室外架空线接地线应拆除。

c. 3 号主变高低压侧接地线应拆除。

d. 所有 6 kV 高压开关柜本体接地刀闸(64014、64024、64034、64044、64054、64064、64074、0104、0204)应在分闸位。

e. 主机本体 6 kV 接线桩头(进线侧、中性点)接地线应拆除。

6.2.2.2　电气设备检查

a. 在投运变压器之前,确认变压器及其保护装置处在良好状态,具备带电运行条件,并注意外部无异物,各阀门开闭正确。变压器在低温投运时,应防止呼吸器因结冰被堵。

b. 6 kV 母线绝缘子应清洁、完整,无裂纹,无放电现象,并进行绝缘检查。

注:断开 6 kV 压变。绝缘要求不低于 1 MΩ/kV,正常绝缘值在几十 MΩ 至几千 MΩ 范围内,如图 6-5 所示。

c. 高压开关室内开关柜绝缘值应合格,柜体应完好,柜门应关闭,手车应在试验位置。

d. 低压开关室内开关柜绝缘值应合格,柜体应完好,柜门应关闭,手车应在试验位置。

e. 站用变压器绝缘值应合格,外壳应完好无损坏,冷却风机工作正常。

f. 励磁变压器绝缘值应合格,外壳应完好无损坏,冷却风机工作正常。

图 6-5　6415 压变断开状态图

6.2.2.3　主电机检查

主电机检查内容如下。

a. 电动机定、转子绝缘测量。

b. 定子空气间隙检查。

c. 加热烘干装置工作情况。

d. 励磁装置工作情况。

e. 通风机工作情况。

f. 顶车装置应与转子分离。

g. 上、下油缸油位、油色情况。

6.2.2.4 主水泵检查

主水泵检查内容如下。

a. 压缩空气系统工作情况。

b. 压力油装置工作情况。

c. 冷却水系统工作情况。

d. 各管道闸阀开关情况。

e. 水导轴承油位情况。

6.2.2.5 压缩空气系统检查

a. 压缩空气系统及其安全装置、继电器和各种表计等应工作可靠，检验合格，其工作压力值应符合使用要求，定期切换使用，位置在副厂房。电源控制在主机层辅机动力柜，运行方式设定在自动状态，如图 6-6—图 6-7 所示。

图 6-6 1 号空压机

图 6-7 2 号空压机

b. 压缩空气系统压力应在 0.6～0.8 MPa，低于 0.6 MPa，空压机启动，高于 0.8 MPa，空压机停止，低于 0.55 MPa，备用空压机启动，低于 0.5 MPa，发出信号报警，如图 6-8—图 6-9 所示。

c. 真空破坏阀吸气口附近不应有妨碍吸气的杂物。

d. 检查破坏真空的控制设备或辅助应急措施处于随时投入状态。水泵机组电动机停机后应联动打开真空破坏阀，若电磁阀不能动作，应手动打开，必要时紧急打开手动阀，如图6-10—图6-11。

图6-8　储气罐

图6-9　压力表

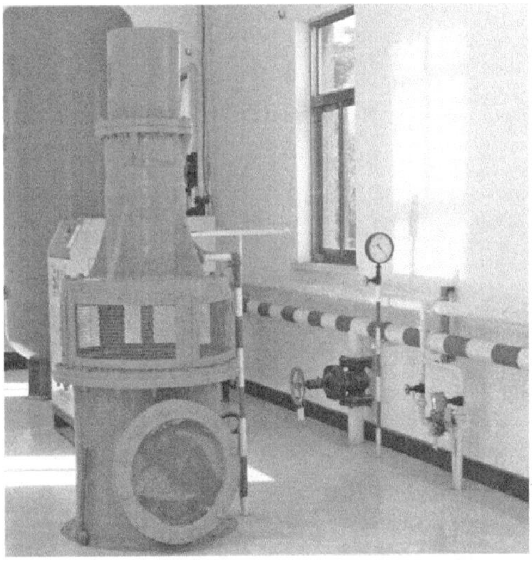

图6-10　真空破坏阀

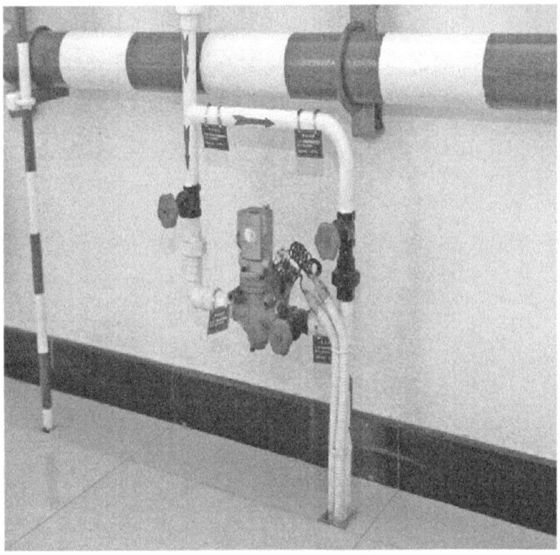

图6-11　真空破坏阀阀组

6.2.2.6　压力油系统检查

压力油系统在泵站主机层，总电源控制在低压柜，1号油压装置控制1—4号主水泵叶片调节系统，2号油压装置控制5—7号主水泵叶片调节系统。1号油压装置在主机层2号与3号主电机中间；2号油压装置在主机层5号与6号主电机中间。运行方式设定在“自动1”位置，如图6-12—图6-14。

注：泵站油系统分为压力油系统和润滑油系统，润滑油、压力油的质量标准应符合相关规定，其油温、油号、油量等应满足使用要求，不符合使用要求的应予更换。

图 6-12　叶角液压调节装置

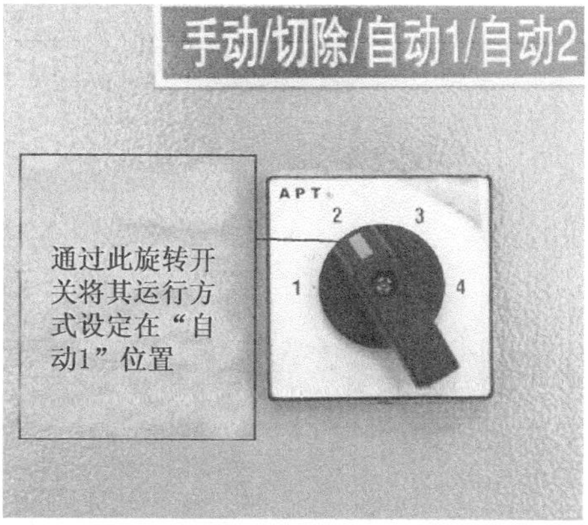

图 6-13　转换开关

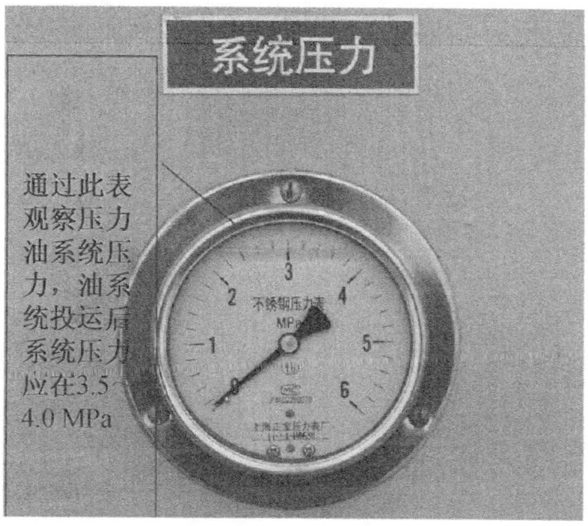

图 6-14　压力表

6.2.2.7　供、排水系统检查

a. 技术供水的水质、水温、水量、水压等满足运行要求。2 台供水泵、2 台排水泵及备用排水泵均在水泵层，备用供水泵在联轴节层西端，如图 6-15—图 6-24。

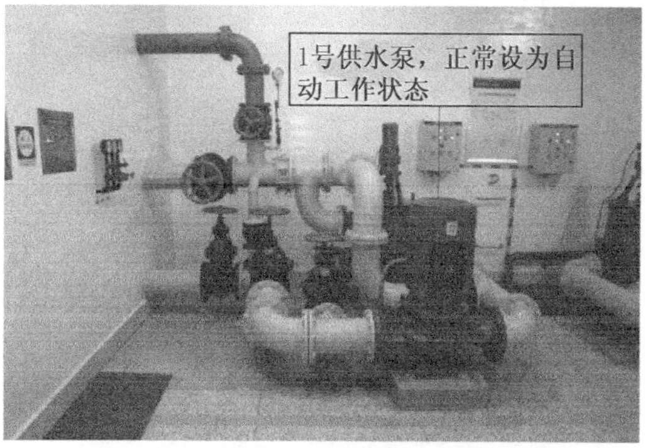

图 6-15　1 号供水泵

图 6-16　2 号供水泵

图 6-17　备用供水泵

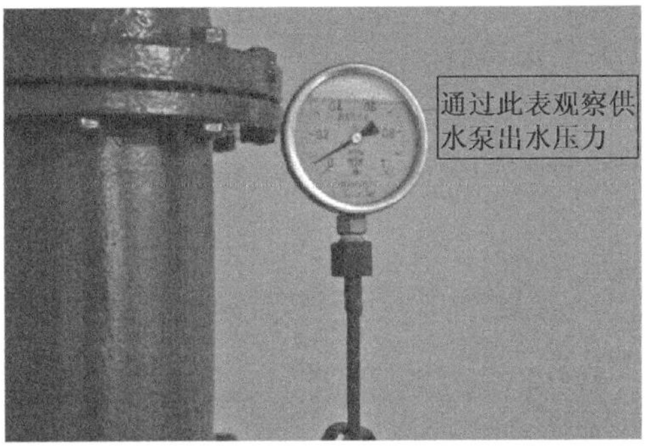

图 6-18　压力表

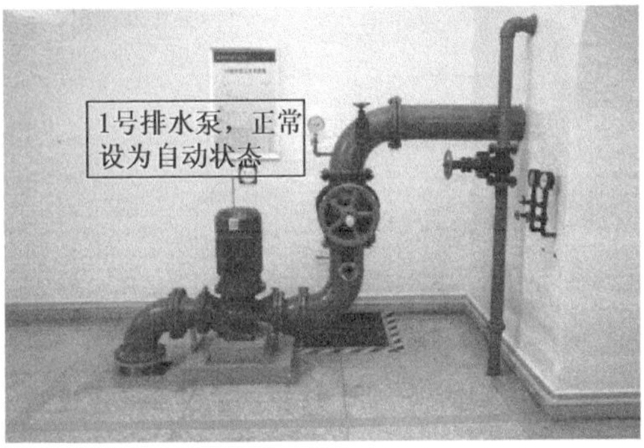

图 6-19　1 号排水泵

图 6-20　2 号排水泵

图 6-21　备用排水泵

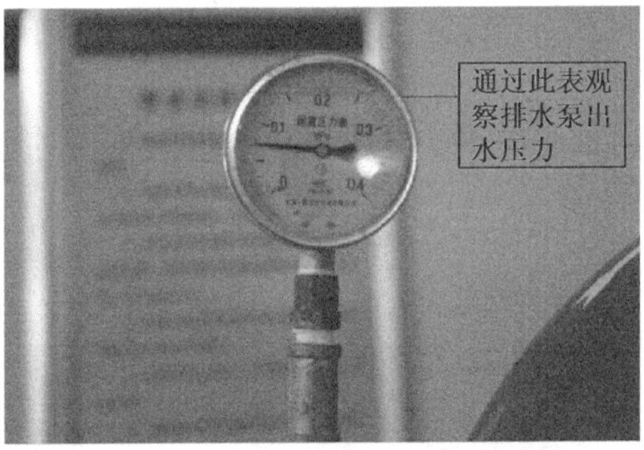

图 6-22　压力表

b. 示流装置良好，供水管路畅通，如图 6-21—图 6-22。

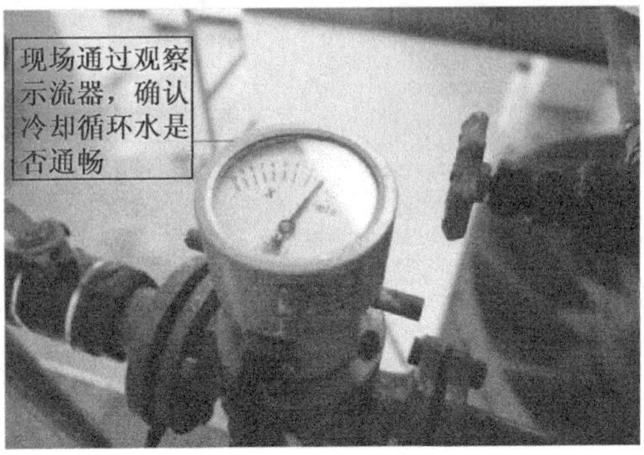

图 6-23　示流信号器

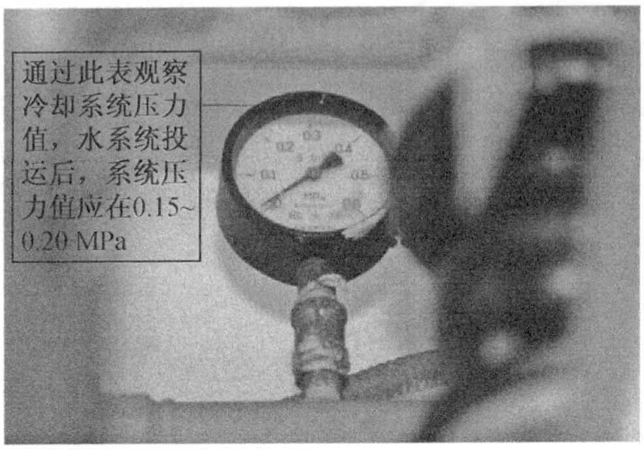

图 6-24　进水压力表

c. 供、排水泵莲蓬头无堵塞，集水坑和排水廊道无淤积。

d. 供、排水泵工作可靠，备用供、排水泵应能自如切换运行。

e. 供、排水系统滤水器工作正常。

f. 检查排水廊道水位过高报警装置动作的可靠性。

6.3 开机运行操作

6.3.1 站投运操作（根据1号操作票执行）

a. 根据处集控中心要求设置控制状态，如图6-25—图6-26。

注：此操作必须在现场通过旋转开关来完成。

根据处集中控制中心要求设置集控状态或分控状态，集控、分控选择开关在控制楼二楼微机保护室PLC屏（BZ4-Z-PLC2）面板上。

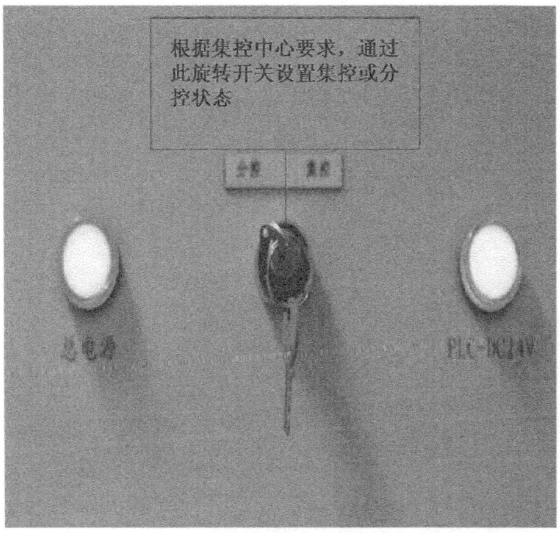

图6-25 集控分控转换开关

图6-26 2号PLC柜

b. 确认测量、控制、保护用的交直流电源已投入，如图6-27—图6-29。

图6-27 保护柜

图 6-28 直流屏

图 6-29 直流输出回路

c. GIS 控制方式置于远方位置，并在上位机上确认操作票回信为远方，如图 6-30—图 6-31。

注：此操作必须在现场通过旋转开关来完成。

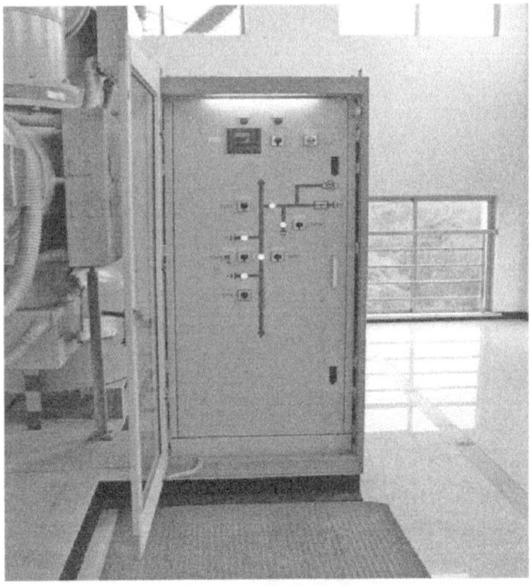

图 6-30 GIS 汇控柜

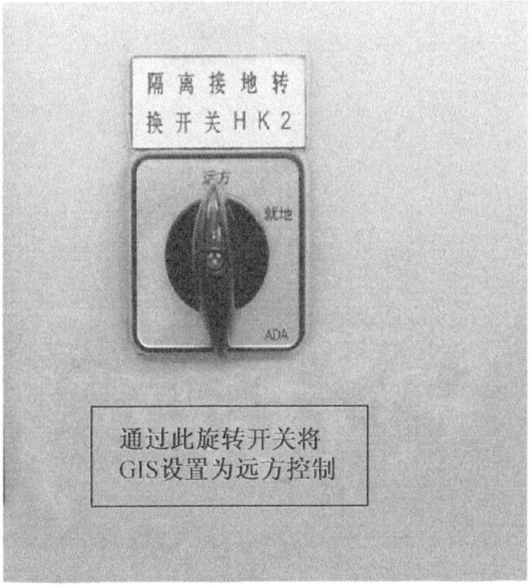

图 6-31 转换开关

执行 1 号操作票第 1 步，如图 6-32 所示。

1	GIS控制方式置于远方位置	远方		

图 6-32 1 号操作票第 1 步

d. 拉开 110kV 进线接地刀闸 7034，并在上位机上确认操作票回信为分闸，如图 6-33 所示。

注：集控状态在集控中心控制，分控状态在控制室控制，现地控制在控制楼四楼 GIS 汇

控柜(BZ4-G-03)上控制。

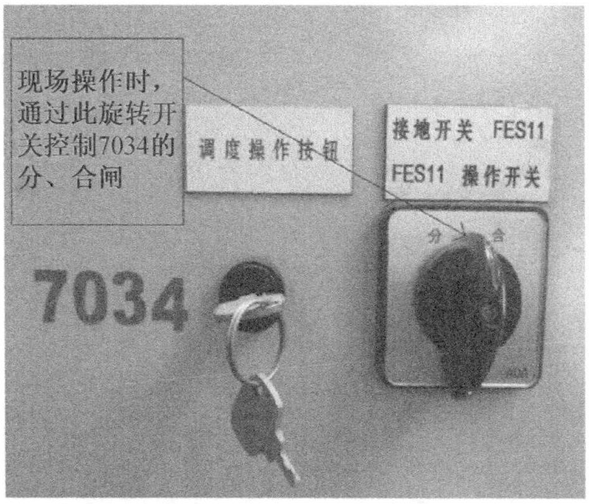

图 6-33　110 kV 进线接地刀闸

执行 1 号操作票第 2 步，如图 6-34 所示。

2	拉开110 kV进线接地刀闸7034	分闸	分闸	

图 6-34　1 号操作票第 2 步

e. 拉开 110 kV 进线侧接地刀闸 70334，并在上位机上确认操作票回信为分闸，如图 6-35所示。

注:集控状态在集控中心控制，分控状态在控制室控制，现地控制在控制楼四楼 GIS 汇控柜(BZ4-G-03)上控制。

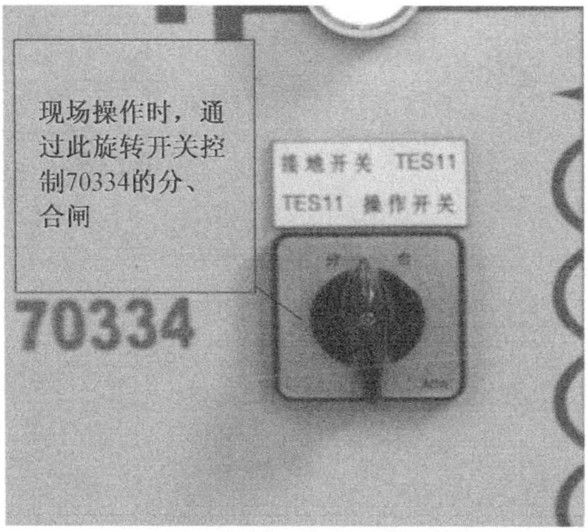

图 6-35　接地刀闸

执行 1 号操作票第 3 步，如图 6-36 所示。

3	拉开110 kV进线四站侧接地刀闸70334	分闸	分闸	

图 6-36　1 号操作票第 3 步

f. 合上 110 kV 进线隔离刀闸 7033，并在上位机上确认操作票回信为合闸，如图 6-37 所示。

注：集控状态在集控中心控制，分控状态在控制室控制，现地控制在泵站控制楼四楼 GIS 汇控柜(BZ4-G-03)上控制。

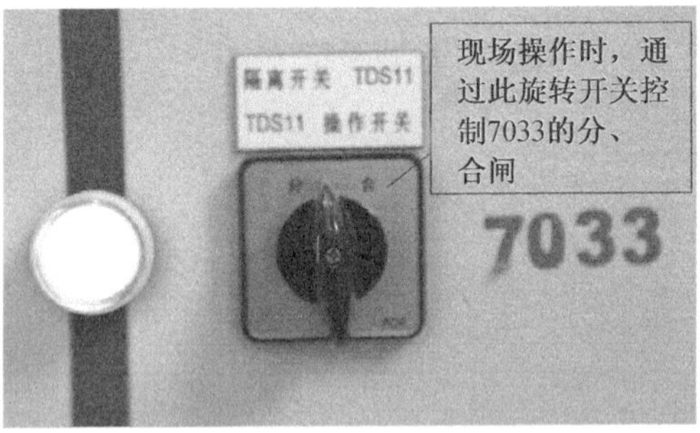

图 6-37　110 kV 进线隔离刀闸

执行 1 号操作票第 4 步，如图 6-38 所示。

4	合上110 kV进线隔离刀闸7033	合闸	合闸	

图 6-38　1 号操作票第 4 步

g. 拉开 110 kV 进线 PT 接地刀闸 702534，并在上位机上确认操作票回信为分闸，如图 6-39 所示。

注：集控状态在集控中心控制，分控状态在泵站控制室控制，现地控制在泵站控制楼四楼 GIS 汇控柜(BZ4-G-03)上控制。

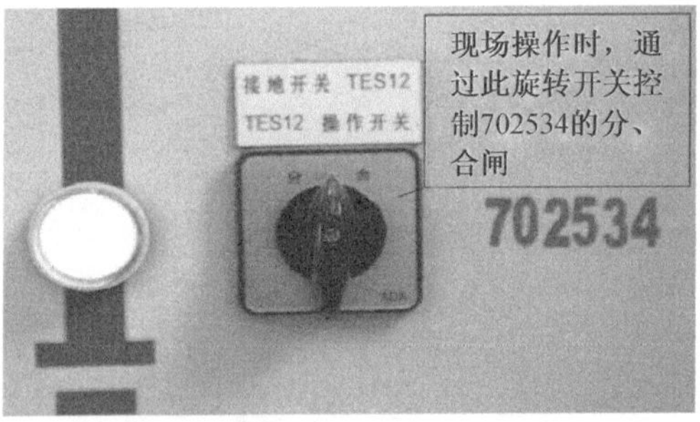

图 6-39　进线 PT 接地刀闸

执行 1 号操作票第 5 步，如图 6-40 所示。

5	拉开110 kV进线PT接地刀闸702534	分闸	分闸	

图 6-40　1 号操作票第 5 步

h. 合上 PT 隔离刀闸 7025，并在上位机上确认操作票回信为合闸，如图 6-41 所示。

注:集控状态在集控中心控制,分控状态在泵站控制室控制,现地控制在泵站控制楼四楼 GIS 汇控柜(BZ4-G-03)上控制。

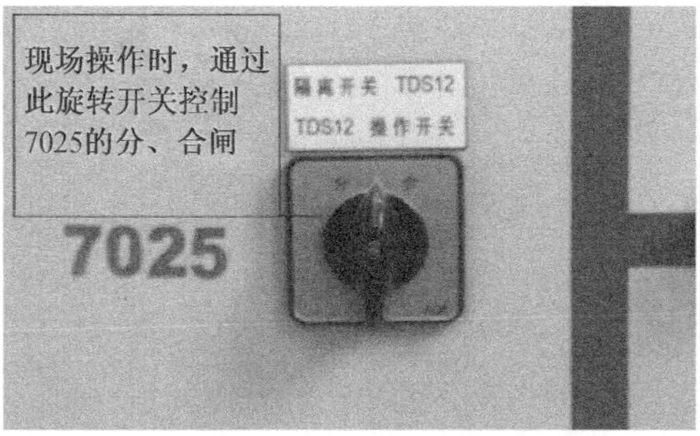

图 6-41 进线 PT 隔离刀闸

执行 1 号操作票第 6 步,如图 6-42 所示。

6	合上PT隔离刀闸7025	合闸	合闸	

图 6-42 1 号操作票第 6 步

i. 合上 3 号主变中性点接地刀闸 7030,并在上位机上确认操作票回信为合闸,如图 6-43—图 6-45 所示。

注:集控状态在集控中心控制,分控状态在泵站控制室控制,现地控制在变电所 3 号主变 7030 刀闸控制箱上控制。

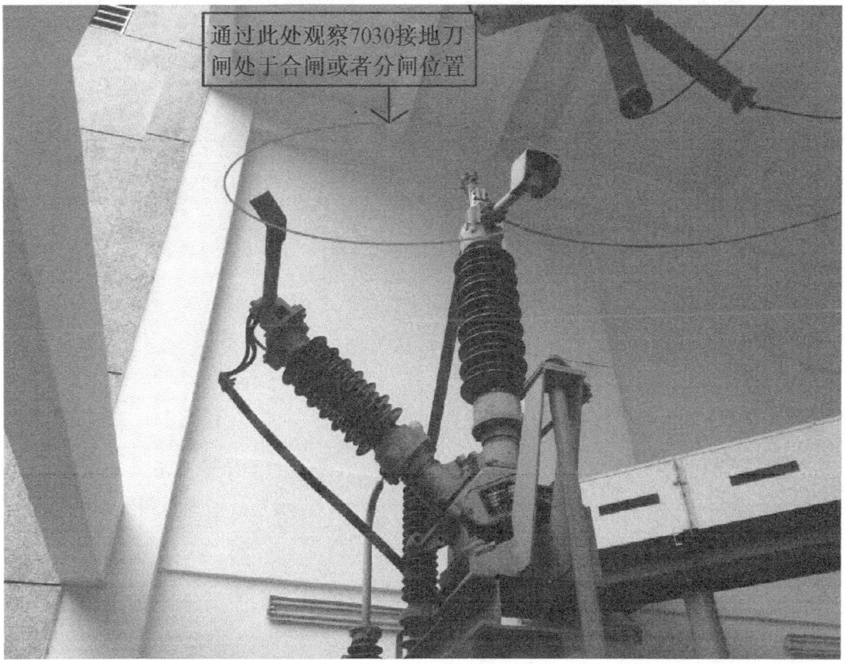

图 6-43 主变中性点接地刀闸

图 6-44　接地刀闸控制箱

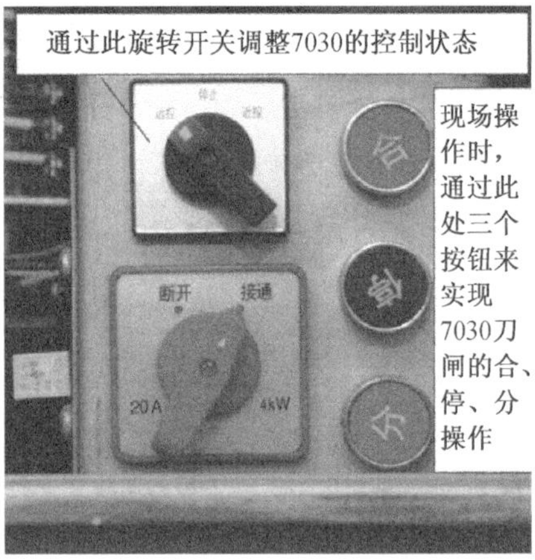

图 6-45　转换开关、控制按钮

执行 1 号操作票第 7 步，如图 6-46 所示。

7	合上3#主变中性点接地刀闸7030	合闸	合闸	

图 6-46　1 号操作票第 7 步

j. 合上 6 kV 压变刀闸 6415，并在上位机上确认操作票回信为合闸，如图 6-47—图 6-48 所示。

图 6-47　电压互感器柜

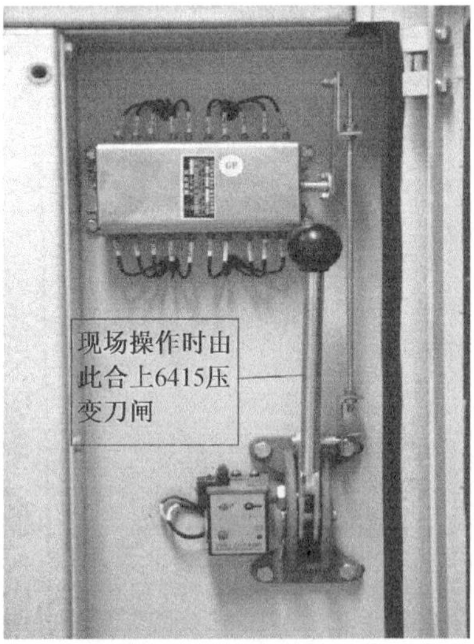

图 6-48　电压互感器刀闸

执行 1 号操作票第 8 步，如图 6-49 所示。

8	合上6 kV压变刀闸6415	合闸		

图 6-49　1 号操作票第 8 步

k. 与变电所联络送电已完成。电话联络确认主变送电准备完毕，确定送电时间。

注：以下两步操作的设备本体在变电所(集中控制中心)，可在设备本体现地操作，也可在集控系统上位机操作，通常在上位机操作。

l. 变电所合上出线隔离刀闸 7031，并在上位机上确认操作票回信为合闸，如图 6-50—图 6-51 所示。

图 6-50　3 号主变进线开关控制柜

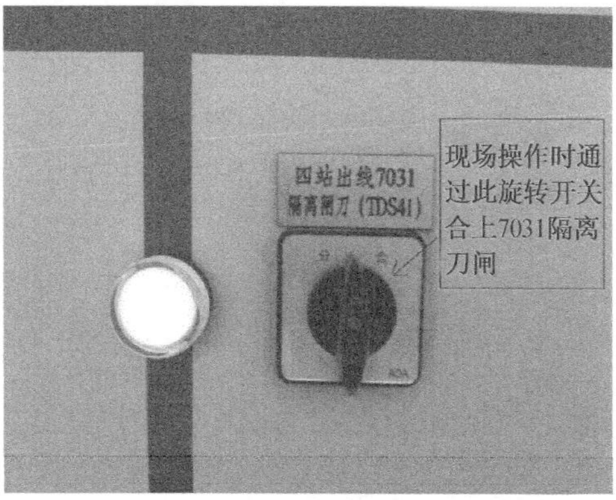

图 6-51　现场操作开关

执行 1 号操作票第 9 步，如图 6-52 所示。

9	变电所合上四站出线隔离刀闸7031	合闸		

图 6-52　1 号操作票第 9 步

m. 变电所合上 110 kV 进线断路器 703，并在上位机上确认操作票回信为合闸，如图 6-53 所示。

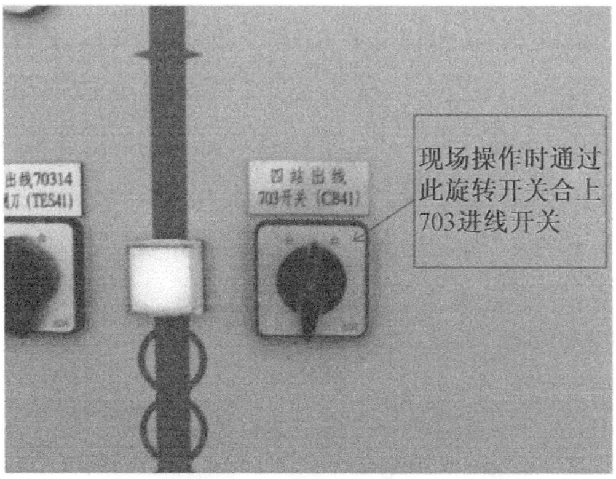

图 6-53　3 号主变进线开关

执行 1 号操作票第 10 步，如图 6-54 所示。

10	变电所合上110 kV进线断路器703	合闸		

图 6-54　1 号操作票第 10 步

注:以上操作完成后,3 号主变本体(在主变室)即得电,发出正常运行时的嗡嗡声,此时主变低压侧连接的 6 kV 共箱母线到 6 kV 进线断路器 604 上桩头均已带电。

n. 与变电所确认 3 号主变中性点接地刀闸 7030 位置。按变电所要求控制 3 号主变中性点接地刀闸 7030 状态(合上或断开)。

注:以下进入 6 kV 系统操作流程。

o. 6 kV 进线断路器 604 控制方式置于远方位置,并在上位机上确认操作票回信为远方,如图 6-55—图 6-56 所示。

注:操作必须在现场通过旋转开关来完成。

图 6-55　6 kV 进线开关柜

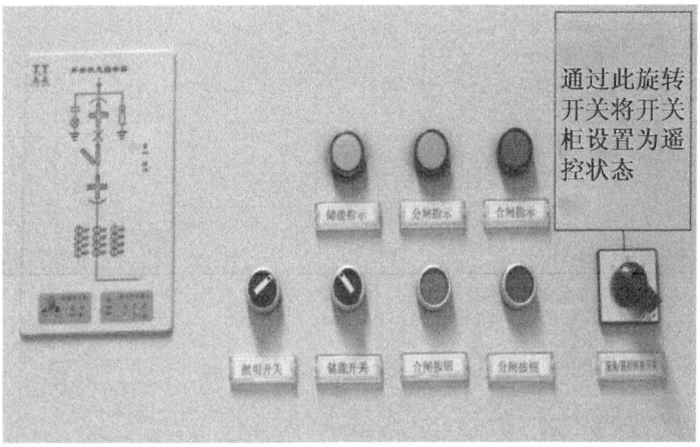

图 6-56　转换开关

执行 1 号操作票第 11 步,如图 6-57 所示。

11	6 kV进线断路器604控制方式置于远方位置	远方		

图 6-57　1 号操作票第 11 步

p. 6 kV 进线断路器 604 手车摇至工作位置,并在上位机确认操作票回信为工作,如图 6-58 所示。

注:此操作应在现场通过摇柄来完成,且需要 1 人操作 1 人监护。

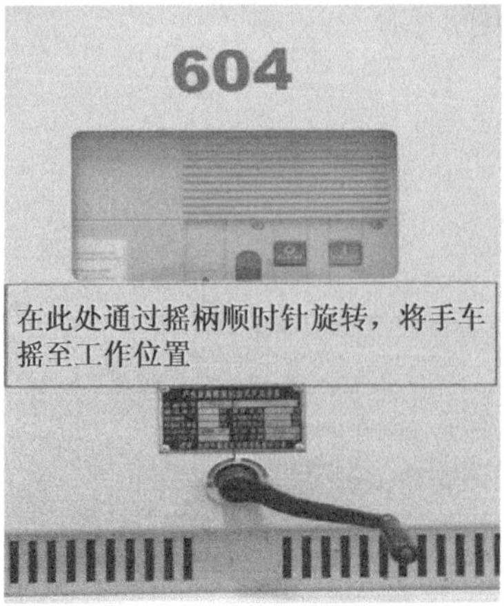

图 6-58　6 kV 进线开关

执行 1 号操作票第 12 步，如图 6-59 所示。

12	6 kV进线断路器604手车摇至工作位置	工作		

图 6-59　1 号操作票第 12 步

q. 6 kV 进线断路器 604 储能，并在上位机上确认操作票回信为储能，如图 6-60 所示。注：此操作通常在现场手动完成，也可在上位机进行操作。

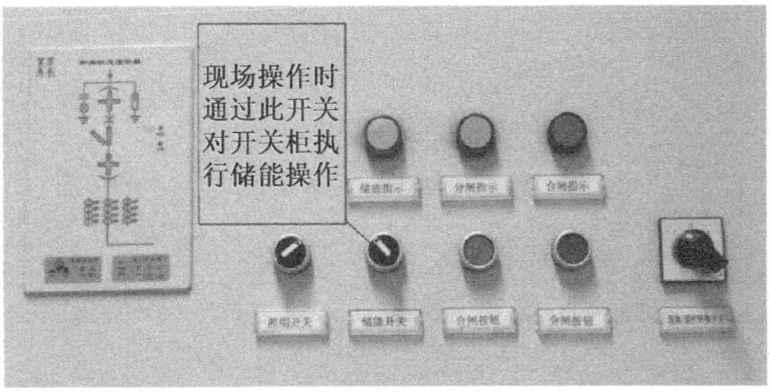

图 6-60　储能开关

执行 1 号操作票第 13 步，如图 6-61 所示。

13	6 kV进线断路器604储能	未储能	储能	

图 6-61　1 号操作票第 13 步

r. 合上 6 kV 进线断路器 604，并在上位机上确认操作票回信为合闸，如图 6-62 所示。注：此步骤操作在集控状态下，在集控中心上位机完成；分控状态下在上位机完成。

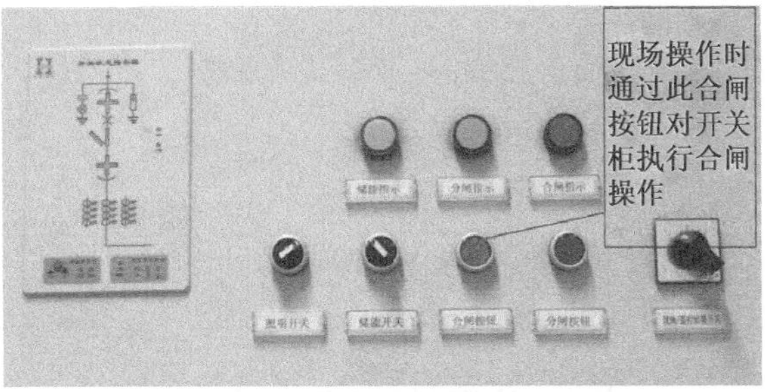

图 6-62　现场合闸按钮

执行 1 号操作票第 14 步，如图 6-63 所示。

14	合上6 kV进线断路器604	合闸	合闸	2010-06-19 17:55:26

图 6-63　1 号操作票第 14 步

注：此时高压开关室 6 kV 高压开关柜内母线均已带电。

6.3.2 站变投入操作(根据 2 号操作票执行)

a. 1 号站变进线 010 开关控制方式置于远方位置，并在上位机上确认操作票回信为远方，如图 6-64—图 6-65 所示。

注：此操作应在现场通过旋转开关来完成。

图 6-64　1 号站变进线开关柜

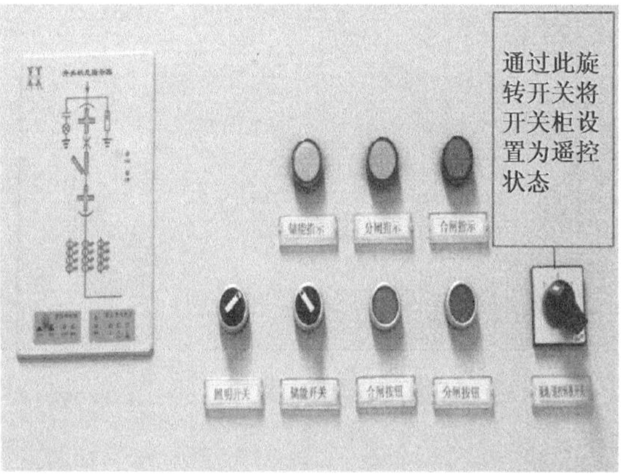

图 6-65　转换开关

执行 2 号操作票第 1 步，如图 6-66 所示。

1	1#站变进线010开关控制方式置于远方位置	远方		

图 6-66　2 号操作票第 1 步

b. 1 号站变进线 010 开关手车摇至工作位置，并在上位机上确认操作票回信为工作，如图 6-67 所示。

注：此操作应在现场通过摇柄来完成，且需要 1 人操作 1 人监护。

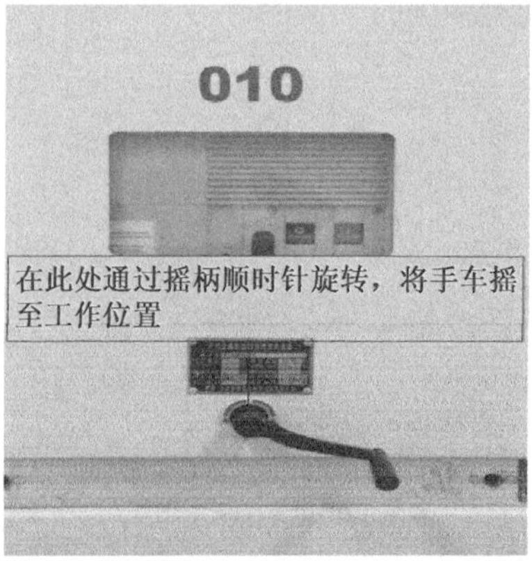

图 6-67　1 号站变进线开关

执行 2 号操作票第 2 步，如图 6-68 所示。

2	1#站变进线010开关手车摇至工作位置	工作		

图 6-68　2 号操作票第 2 步

c. 1 号站变进线 010 开关储能，并在上位机上确认操作票回信为储能，如图 6-69 所示。

注：此操作基本是在现场手动完成，也可在上位机进行操作。

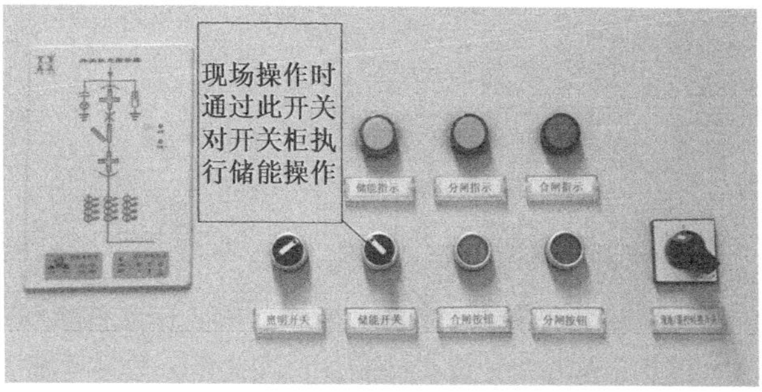

图 6-69　储能开关

执行 2 号操作票第 3 步，如图 6-70 所示。

3	1#站变进线010开关储能	已储能	储能	

图 6-70　2 号操作票第 3 步

d. 合上 1 号站变进线 010 开关，并在上位机上确认操作票回信为合闸，如图 6-71 所示。

注：此步骤操作在集控状态下，在集控中心上位机完成；分控状态下在上位机完成。

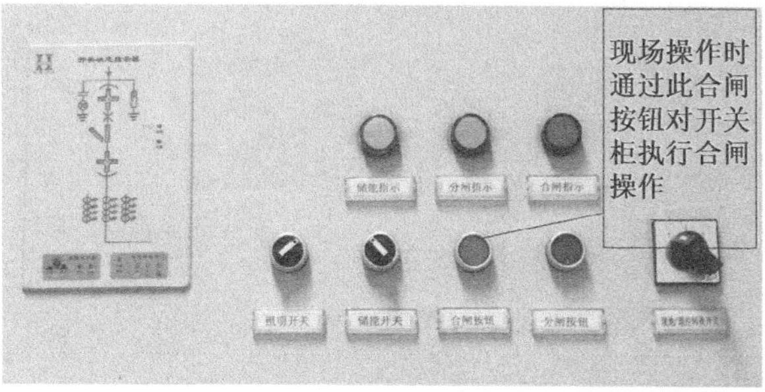

图 6-71　现场合闸按钮

执行 2 号操作票第 4 步，如图 6-72 所示。

4	合上1#站变进线010开关	合闸	合闸	

图 6-72　2 号操作票第 4 步

e. 2 号站变进线 020 开关控制方式置于远方位置，并在上位机上确认操作票回信为远方，如图 6-73—图 6-74 所示。

注：此操作必须在现场通过旋转开关来完成。

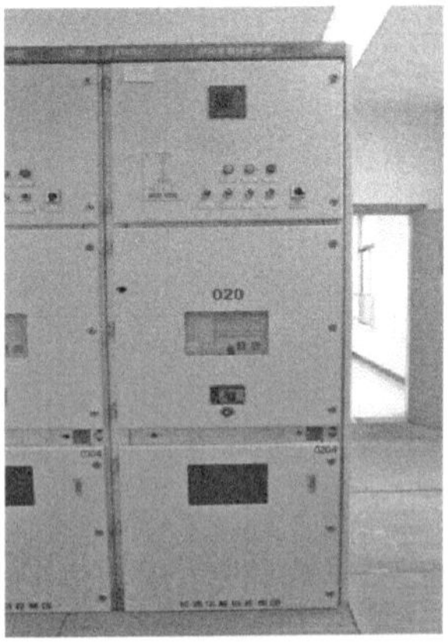

图 6-73　2 号站变进线开关柜

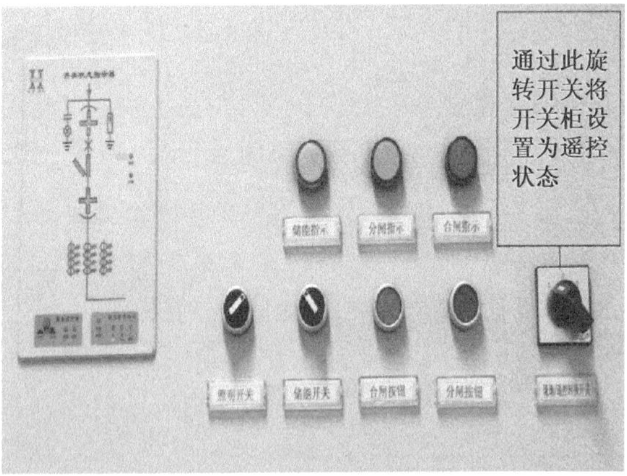

图 6-74　转换开关

执行 2 号操作票第 5 步，如图 6-75 所示。

5	2#站变进线020开关控制方式置于远方位置	远方		

图 6-75　2 号操作票第 5 步

f. 2 号站变进线 020 开关手车摇至工作位置，并在上位机上确认操作票回信为工作，如图 6-76 所示。

注：此操作必须在现场通过摇柄来完成，且需要 1 人操作 1 人监护。

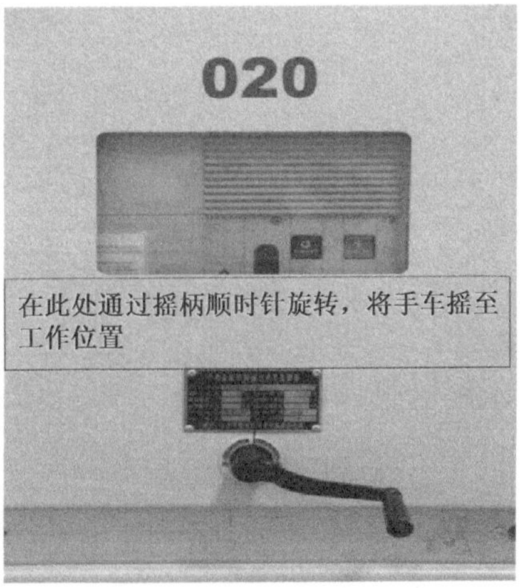

图 6-76　2 号站变进线开关

执行 2 号操作票第 6 步，如图 6-77 所示。

6	2#站变进线020开关手车摇至工作位置	工作		

图 6-77　2 号操作票第 6 步

g. 2 号站变进线 020 开关储能，并在上位机上确认操作票回信为储能，如图 6-78 所示。

注：此操作基本是在现场手动完成，也可在上位机进行操作。

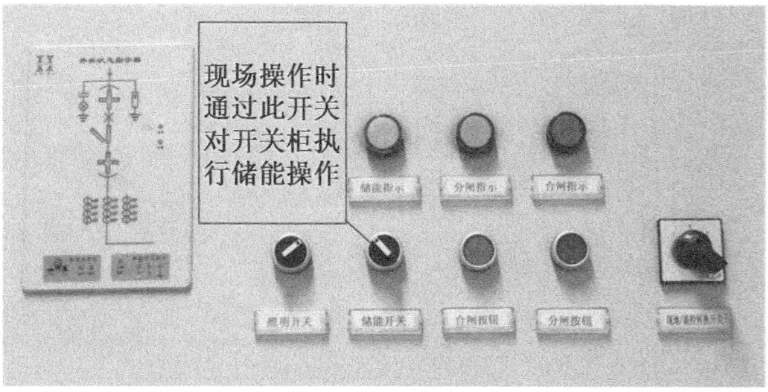

图 6-78　储能开关

执行 2 号操作票第 7 步，如图 6-79 所示。

7	2#站变进线020开关储能	已储能	储能	

图 6-79　2 号操作票第 7 步

h. 合上 2 号站变进线 020 开关，并在上位机上确认操作票回信为合闸，如图 6-80 所示。

注：此步骤操作在集控状态下，在集控中心上位机完成；分控状态下在上位机完成。

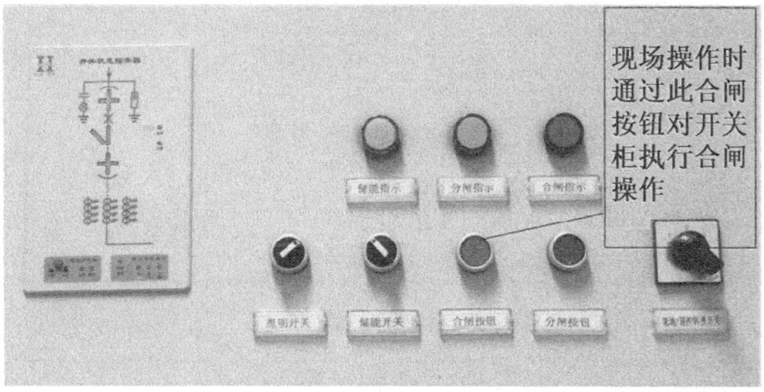

图 6-80　现场合闸按钮

执行 2 号操作票第 8 步，如图 6-81 所示。

8	合上2#站变进线020开关	合闸	合闸	

图 6-81　2 号操作票第 8 步

注:以下为 400 V 系统操作流程。

i. 备用电源进线开关 401、站用电联络开关 402 控制方式置于自动位置,并在上位机上确认操作票回信为自动,如图 6-82—图 6-84 所示。

注:此操作必须在现场通过旋转开关来完成。

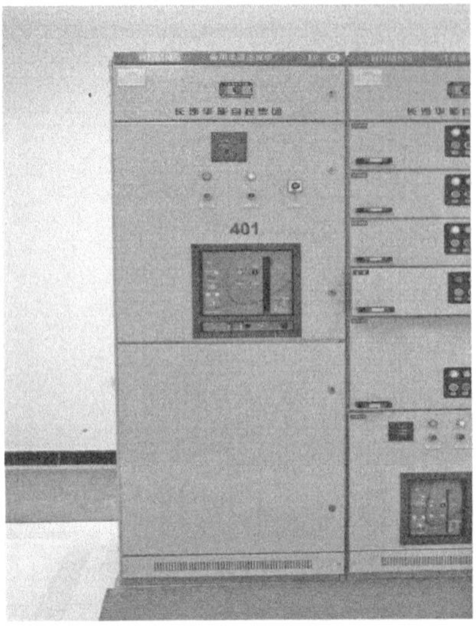

图 6-82　备用电源进线开关

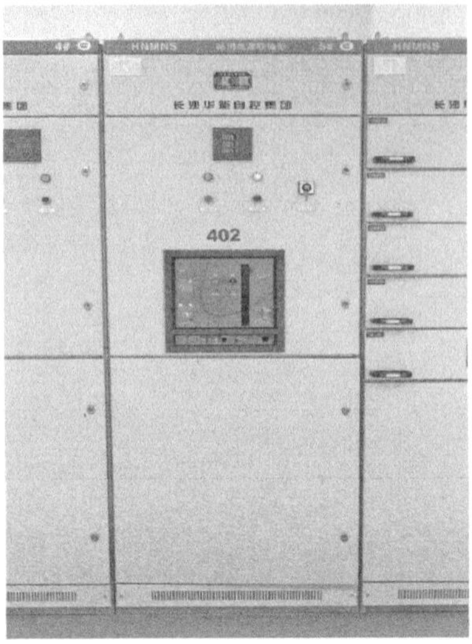

图 6-83　站用电联络开关柜

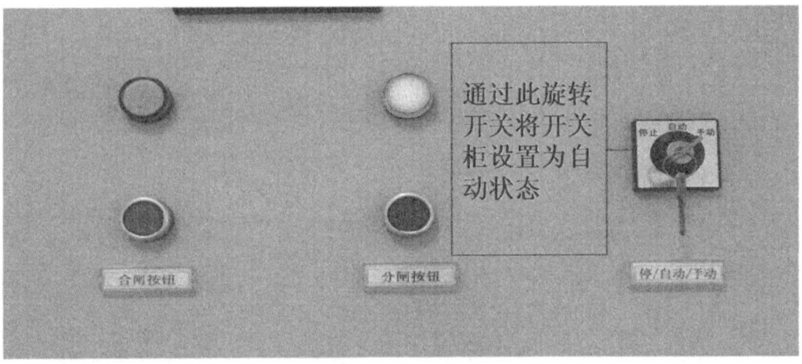

图 6-84　转换开关

执行 2 号操作票第 9 步,如图 6-85 所示。

9	备用电源进线开关401\站用电联络开关402控制方式置于自动位置	自动	确认	

图 6-85　2 号操作票第 9 步

j. 1 号站变低压侧开关 403 手车摇至工作位置,并在上位机上确认操作票回信为工作,如图 6-86—图 6-87 所示。

注:此操作必须在现场通过摇柄来完成,且需要 1 人操作 1 人监护。

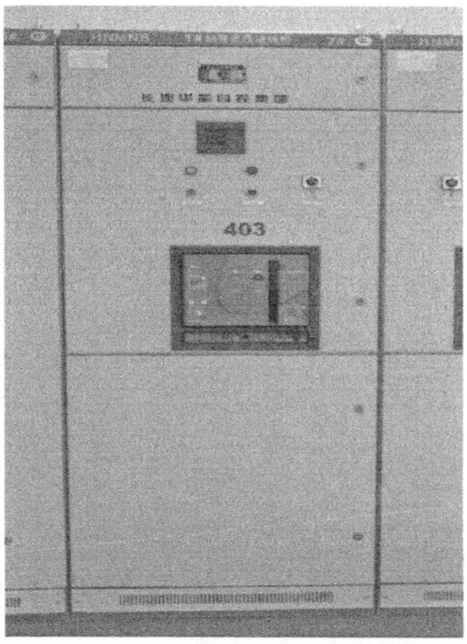

图 6-86　1 号站变低压开关柜

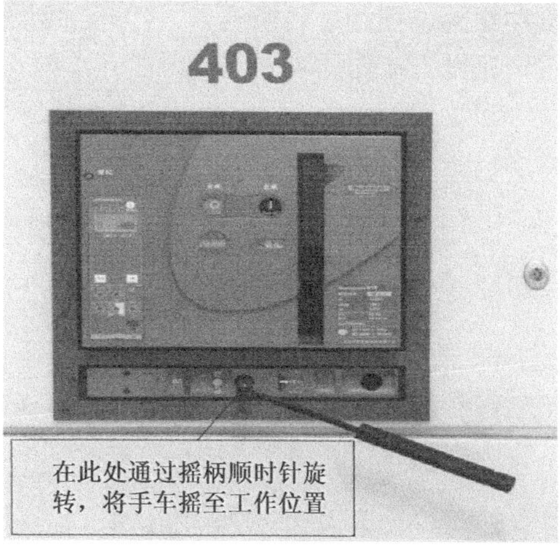

图 6-87　1 号站变低压开关

执行 2 号操作票第 10 步，如图 6-88 所示。

10	1#站变低压侧开关403手车摇至工作位置	工作		

图 6-88　2 号操作票第 10 步

k. 合上 1 号站变低压侧开关 403，并在上位机上确认操作票回信为合闸，如图 6-89 所示。

注：此步骤操作在集控状态下，在集控中心上位机完成；分控状态下在上位机完成。

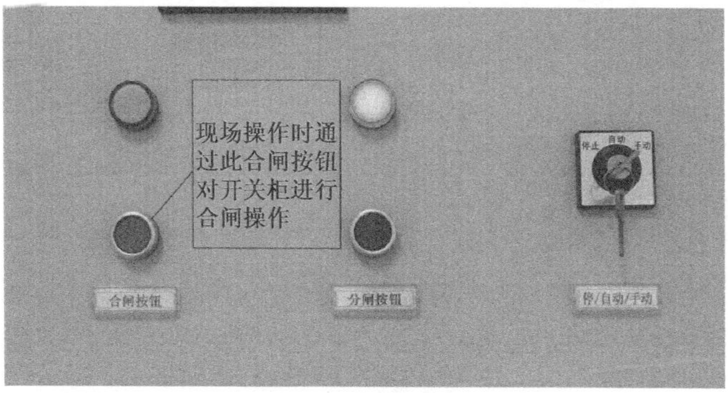

图 6-89　现场合闸按钮

执行 2 号操作票第 11 步，如图 6-90 所示。

11	合上1#站变低压侧开关403	合闸	合闸	

图 6-90　2 号操作票第 11 步

l. 检查 400 V Ⅰ段母线自动切换为站用电源，并在上位机上确认操作票回信为站用电源，如图 6-91 所示。

注：自动切换过程有短暂断电，1 号站变低压侧开关 403 合上，备用电源进线开关 401 断开，站用电源投入工作。

12	检查400 V Ⅰ段母线自动切换为站用电源	站用电源	确认	

图 6-91　2 号操作票第 12 步

m. 2 号站变低压侧开关 405 手车摇至工作位置，并在上位机上确认操作票回信为工作，如图 6-92—图 6-93 所示。

注：此操作必须在现场通过摇柄来完成，且需要 1 人操作 1 人监护。

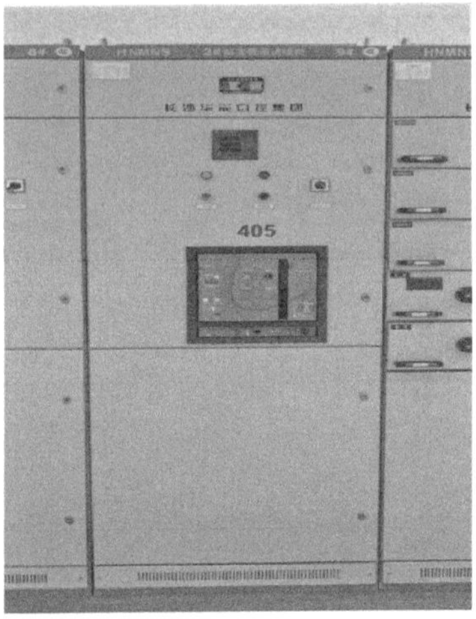

图 6-92　2 号站变低压开关柜

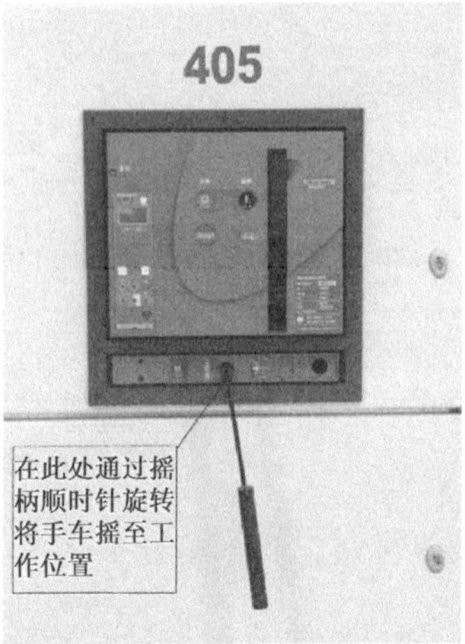

图 6-93　2 号站变低压开关

执行 2 号操作票第 13 步，如图 6-94 所示。

13	2#站变低压侧开关405手车摇至工作位置	工作		

图 6-94　2 号操作票第 13 步

n. 合上 2 号站变低压侧开关 405，并在上位机上确认操作票回信为合闸，如图 6-95 所示。

注：此步骤操作在集控状态下，在集控中心上位机完成；分控状态下在上位机完成。

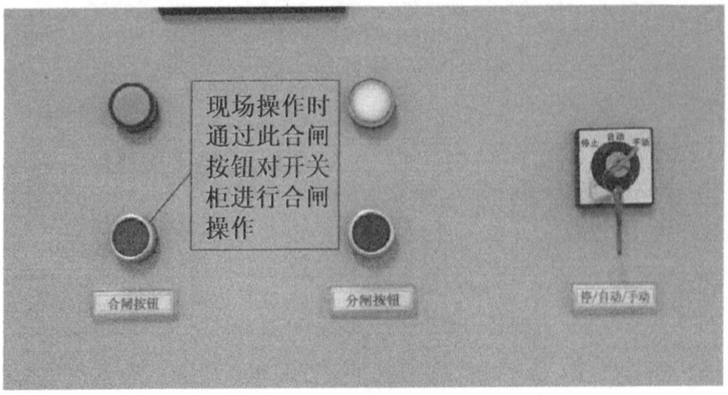

图 6-95　现场合闸按钮

执行 2 号操作票第 14 步，如图 6-96 所示。

14	合上2#站变低压侧开关405	合闸	合闸	

图 6-96　2 号操作票第 14 步

o. 2 号站变低压联络开关 404 手车摇至工作位置，并在上位机上确认操作票回信为工作，如图 6-97—图 6-98 所示。

注：此操作必须在现场通过摇柄来完成，且需要 1 人操作 1 人监护。

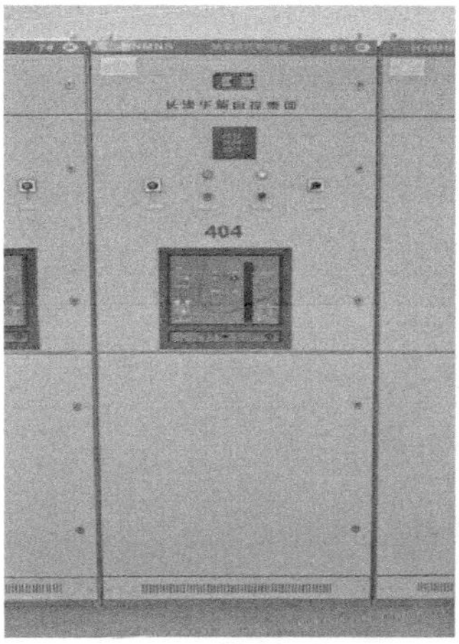

图 6-97　站变联络开关柜

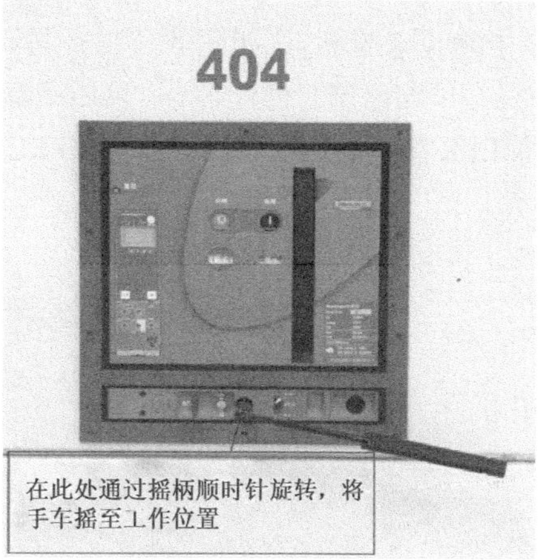

图 6-98　站变联络开关

执行 2 号操作票第 15 步，如图 6-99 所示。

15	站变低压联络开关404手车摇至工作位置	工作		

图 6-99　2 号操作票第 15 步

p. 合上站变低压联络开关 404，并在上位机上确认操作票回信为合闸，如图 6-100 所示。

注：此步骤操作在集控状态下，在集控中心上位机完成；分控状态下在上位机完成。

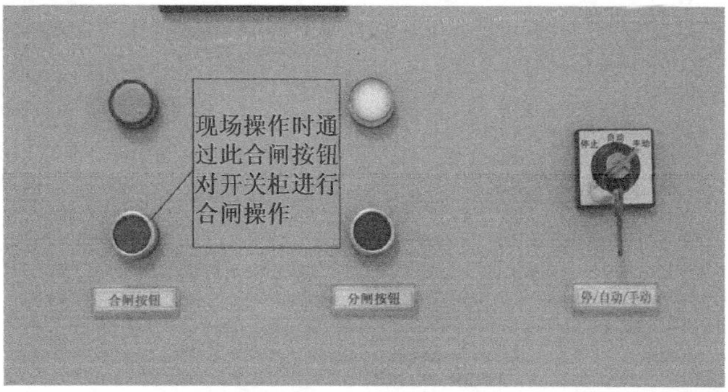

图 6-100　现场合闸按钮

执行 2 号操作票第 16 步,如图 6-101 所示。

16	合上站变低压联络开关404	合闸	合闸	

图 6-101　2 号操作票第 16 步

注:此时 2 台站变投入,且为并列运行。

6.3.3　主机开机操作(以 1 号机组为例,其他机组开机步骤参照 1 号机,根据 3 号操作票执行)

a. 定子绝缘电阻测量,如图 6-102—图 6-104 所示。

电动机定子回路绝缘电阻测量,采用 2 500 V 摇表测量,绝缘电阻≥6 MΩ(一般绝缘电阻应≥1 MΩ/kV),且吸收比≥1.3。测量结果合格后在操作票上点击确认按钮,操作票回信显示合格。

图 6-102　定子绝缘测量 1

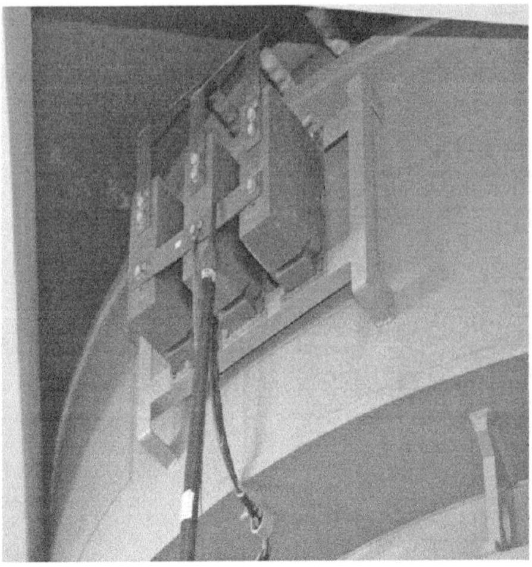

图 6-103　定子绝缘测量 2

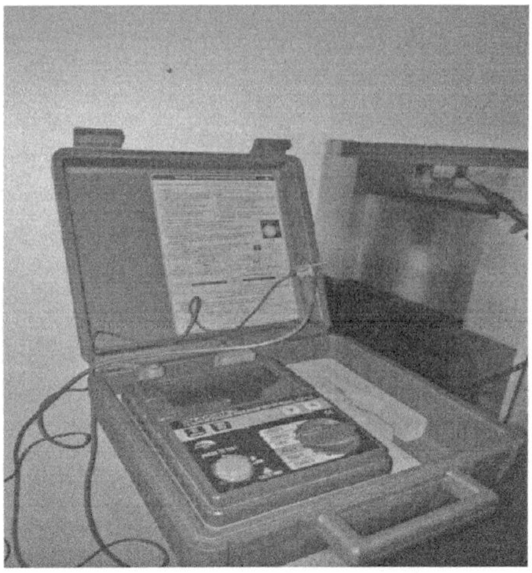

图 6-104　定子绝缘测量 3

执行 3 号操作票第 1 步,如图 6-105 所示。

1	定子绝缘电阻	合格	确认	

图 6-105　3 号操作票第 1 步

b. 转子绝缘电阻测量,如图 6-106—图 6-107 所示。

转子绝缘电阻值测量,采用 500 V 摇表测量,绝缘电阻≥0.5 MΩ,测量结果合格后在操作票上点击确认按钮,操作票回信显示合格。

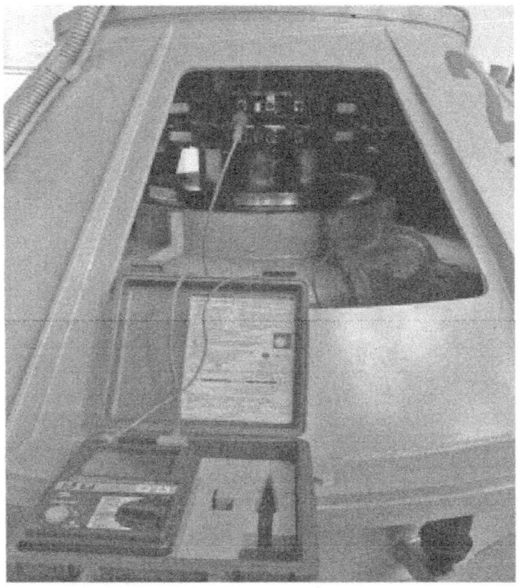

图 6-106　转子绝缘测量 1

图 6-107　转子绝缘测量 2

执行 3 号操作票第 2 步,如图 6-108 所示。

2	转子绝缘电阻	合格	确认	

图 6-108　3 号操作票第 2 步

注:检查定、转子空气间隙内无异物、加热装置停止加热、励磁装置工作正常、通风机工作正常等。检查顶车装置与转子分离。

c. 打开冷却水电动球阀,并在上位机上确认操作票回信为全开,如图 6-109—图 6-110 所示。

注:此操作基本是在现场手动完成,也可在上位机进行操作。

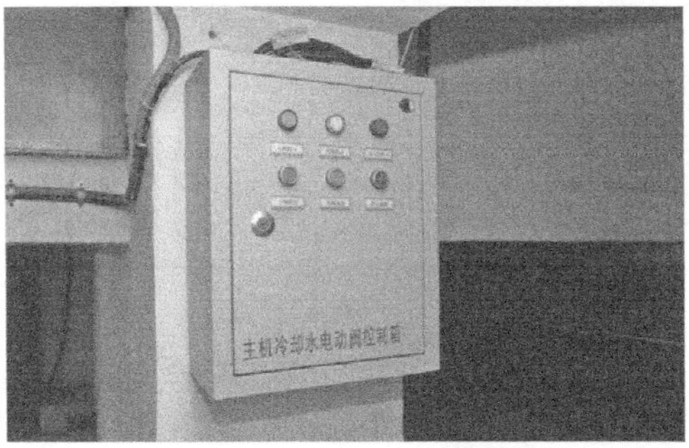

图 6-109　电动球阀控制箱

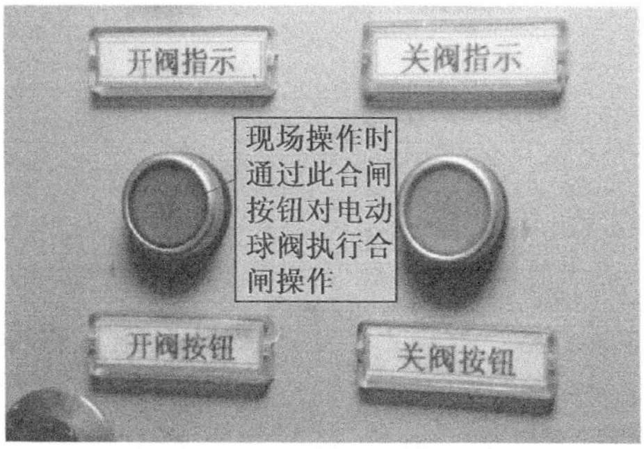

图 6-110　现场合闸按钮

执行 3 号操作票第 3 步，如图 6-111 所示

3	打开冷却水电动球阀	全开	开 停 关	

图 6-111　3 号操作票第 3 步

d. 冷却水示流信号应正常，并在上位机上确认操作票回信为示流正常，如图 6-112—图 6-113 所示。

注：必须现场确认示流信号。

图 6-112　示流信号器

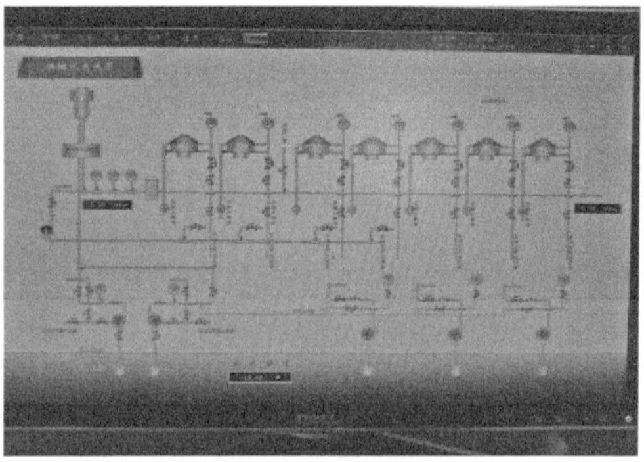

图 6-113　冷却水系统

执行 3 号操作票第 4 步，如图 6-114 所示。

4	冷却水示流信号应正常	示流正常		

图 6-114　3 号操作票第 4 步

e. 打开主电机冷却通风机风门，并在上位机上确认操作票回信为打开，如图 6-115 所示。

注：必须现场手动打开。

图 6-115　主机风门

执行 3 号操作票第 5 步，如图 6-116 所示。

5	打开主电机冷却通风机风门	打开	确认	

图 6-116　3 号操作票第 5 步

注：励磁遥调测试应正常，励磁装置交直流电源投入后，确认主机碳刷及集电环正常，且无人员接触，置励磁状态开关为试验位，应听到励磁装置电源接触器吸合的声音，励磁屏面板上的仪表有励磁电流、电压显示，且数值应正常，液晶屏上应反馈遥调测试正常，置励磁状态开关为零位，励磁装置停运，置励磁状态开关为工作位，机组投运励磁系统准备完毕。

f. 励磁运行方式应手动设置为恒电流方式，并在上位机上确认操作票回信为恒电流方式，如图 6-117—图 6-118 所示。

注：在控制室二楼励磁开关室励磁屏的触摸屏上设定，也可在上位机设定，正常现场设定，上位机监控回信。

图 6-117　励磁屏

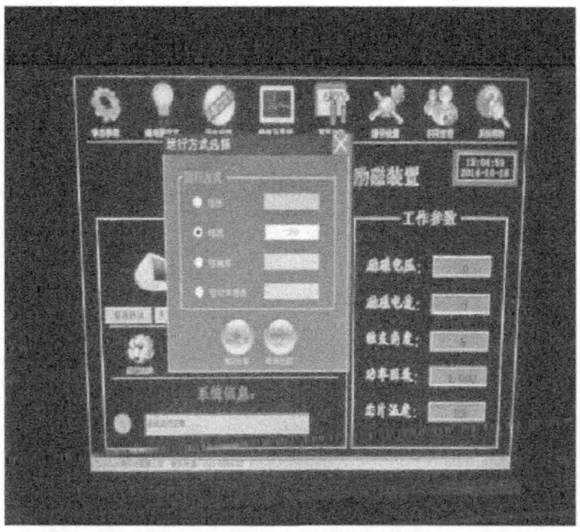

图 6-118　励磁运行方式选择

执行 3 号操作票第 6 步，如图 6-119 所示。

6	励磁运行方式应为恒电流方式	恒功率因数		

图 6-119　3 号操作票第 6 步

g. 励磁工况应在工作状态，并在上位机上确认操作票回信为工作，如图 6-120—图 6-121 所示。

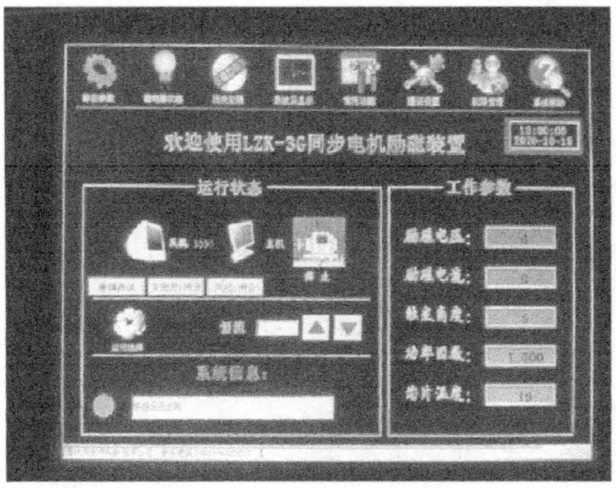

图 6-120　励磁调试

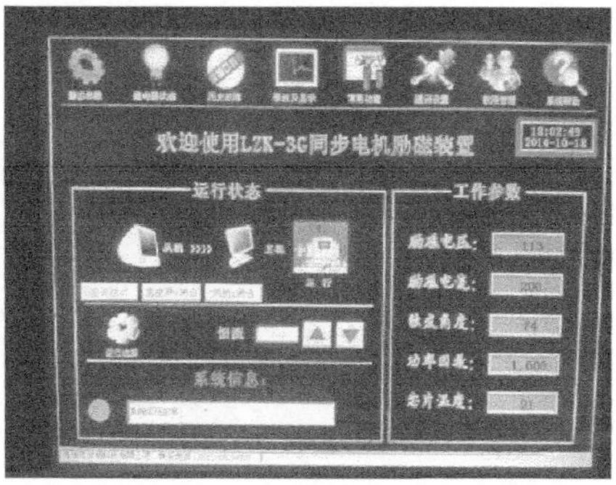

图 6-121　励磁回信确认

执行 3 号操作票第 7 步，如图 6-122 所示。

7	励磁工况应在工作状态	工作	确认	

图 6-122　3 号操作票第 7 步

h. 叶片调节机构控制方式置于自动位置，并在上位机上确认操作票回信为自动，如图 6-123 所示。

注：此操作必须在现场通过旋转开关来完成。

图 6-123　现场叶角调节

执行 3 号操作票第 8 步，如图 6-124 所示。

8	叶片调节机构控制方式置于自动位置	自动		

图 6-124　3 号操作票第 8 步

i. 调节叶片角度为－6 度，机组启动，在上位机上确认叶片角度，操作票回信与现场表显示、机械指针指示一致，如图 6-125 所示。

注：可以在上位机、现场控制屏、授油器本体对叶片角度进行调节。

图 6-125　叶片角度指示

执行 3 号操作票第 9 步，如图 6-126 所示。

9	调节叶片角度为-6度	调为-6度	调为-6度	

图 6-126　3 号操作票第 9 步

j. 1 号主机 6401 开关控制方式置于远方位置，并在上位机上确认操作票回信为远方，如图 6-127—图 6-128 所示。

注：此操作必须在现场通过旋转开关来完成。

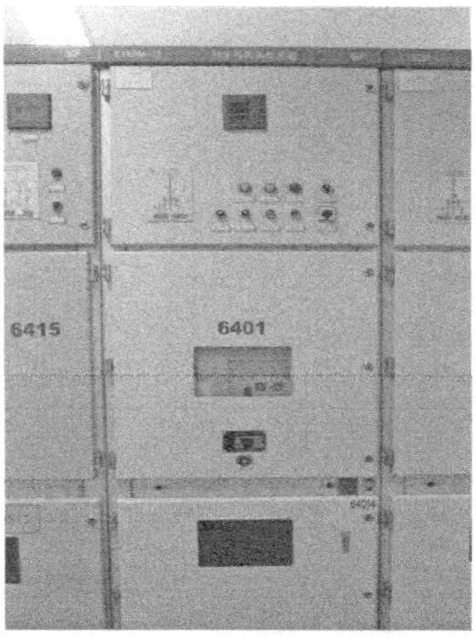

图 6-127　主机开关柜

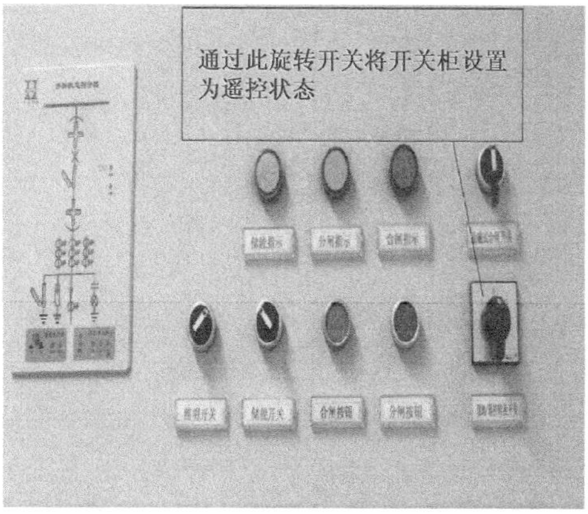

图 6-128　转换开关

执行 3 号操作票第 10 步，如图 6-129 所示。

10	1#主机6401开关控制方式置于远方位置	远方		

图 6-129　3 号操作票第 10 步

k. 1 号主机 6401 开关手车摇至工作位置，并在上位机上确认操作票回信为工作，如图 6-130 所示。

注：此操作必须在现场通过摇柄来完成，且需要 1 人操作 1 人监护。

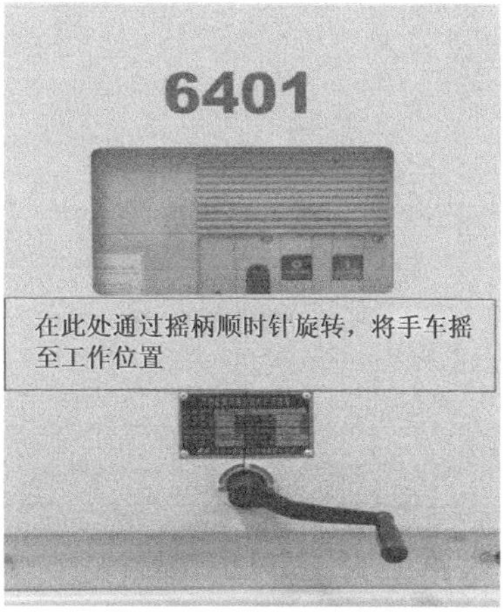

图 6-130　1 号主机开关

执行 3 号操作票第 11 步，如图 6-131 所示。

11	1#主机6401开关手车摇至工作位置	工作		

图 6-131　3 号操作票第 11 步

l. 1 号主机 6401 开关储能，并在上位机上确认操作票回信为储能，如图 6-132 所示。注：此操作基本是在现场手动完成，也可在上位机进行操作。

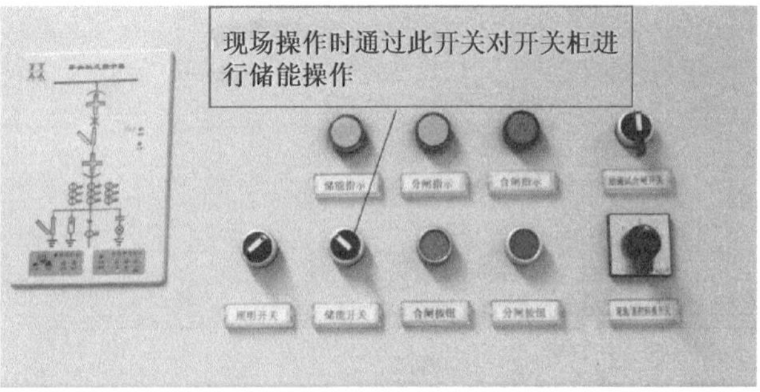

图 6-132　储能开关

执行 3 号操作票第 12 步，如图 6-133 所示。

12	1#主机6401开关储能	储能	储能	

图 6-133　3 号操作票第 12 步

m. 合上 1 号主机 6401 开关，并在上位机上确认操作票回信为合闸，如图 6-134 所示。注：此步骤操作在集控状态下，在集控中心上位机完成；分控状态下在上位机完成。

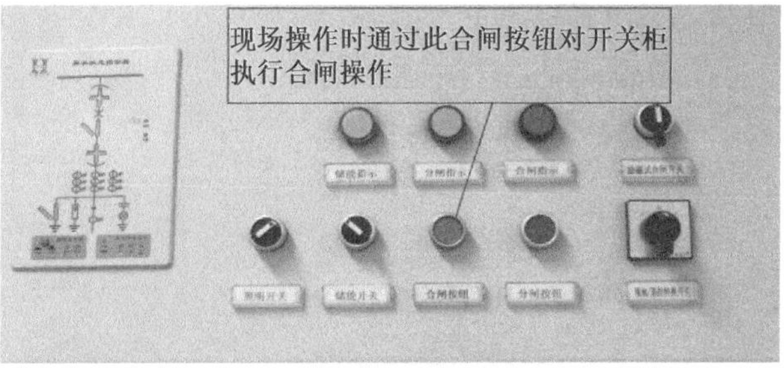

图 6-134　现场合闸按钮

执行 3 号操作票第 13 步，如图 6-135 所示。

13	合上1#主机6401开关	合闸	合闸	

图 6-135　3 号操作票第 13 步

注:此时投运机组启动运转,励磁系统自动投入,机组进入同步运行。机组启动的同时对应的真空破坏阀打开(如未打开根据反事故预案现场手动打开)。

n. 真空破坏阀自动关闭,并在上位机上确认操作票回信为关闭,如图 6-136 所示。

图 6-136　真空破坏阀

执行 3 号操作票第 14 步,如图 6-137 所示。

14	真空破坏阀应关闭	关闭		

图 6-137　3 号操作票第 14 步

o. 调节叶片至运行角度,并在上位机上确认操作票回信与操作屏一致,如图 6-138—图 6-139 所示。

注:现场通过下图屏幕操作来调节叶片角度。

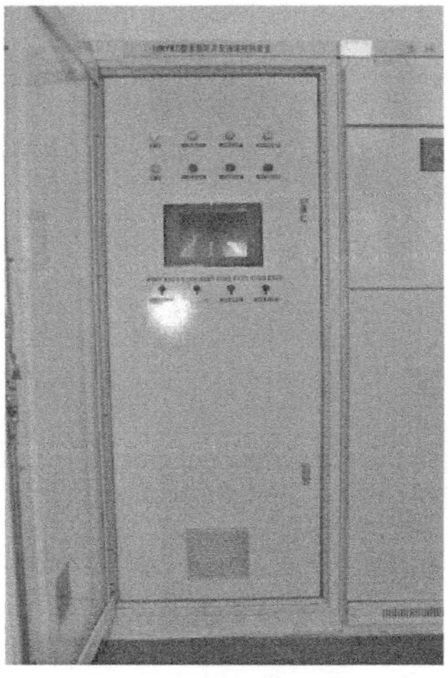

图 6-138　控制柜

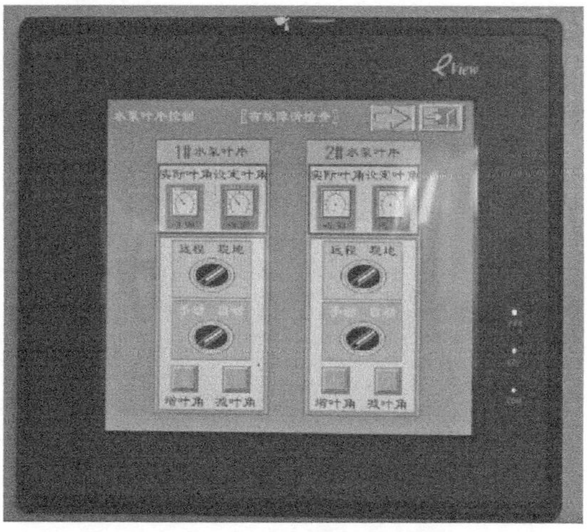

图 6-139　叶角现地控制

执行 3 号操作票第 15 步,如图 6-140 所示。

15	调节叶片至运行角度	-4.1	设定值: -4.0 调节	

图 6-140　3 号操作票第 15 步

6.4　停机操作流程

6.4.1　主机停机操作(根据 4 号操作票执行)

a. 1 号主机 6401 开关控制方式置于远方位置,并在上位机上确认操作票回信为远方,如图 6-141 所示。

注:此操作必须在现场通过旋转开关来完成。

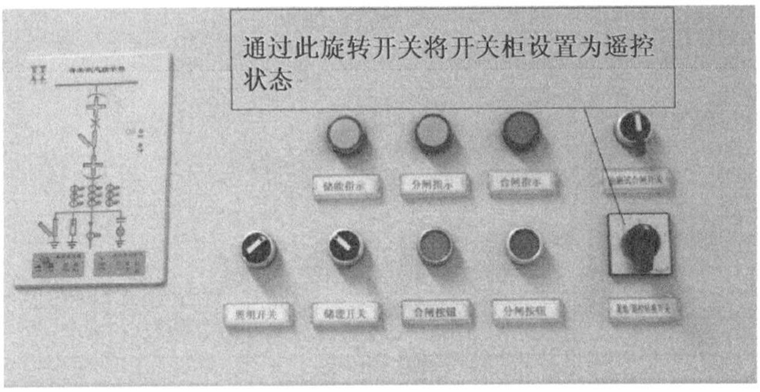

图 6-141　转换开关

执行 4 号操作票第 1 步,如图 6-142 所示。

1	1#主机6401开关控制方式置于远方位置	远方		

图 6-142　4 号操作票第 1 步

b. 断开 1 号主机 6401 开关,并在上位机上确认操作票回信为分闸,如图 6-143 所示。

注:此步骤操作在集控状态下,在集控中心上位机完成;分控状态下在上位机完成。

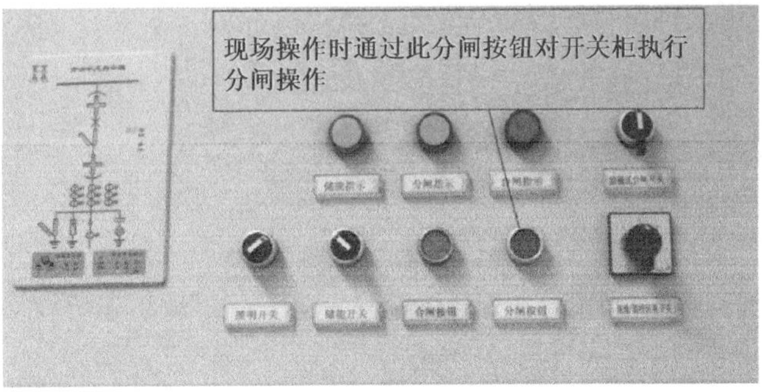

图 6-143　现场分闸按钮

执行 4 号操作票第 2 步，如图 6-144 所示。

2	拉开1#主机6401开关	分闸	分闸	

图 6-144　4 号操作票第 2 步

注：此时对应励磁装置联动灭磁应正常，励磁装置停运；同时对应真空破坏阀应自动打开，虹吸式出水流道断流，机组出现短时间倒转，并很快停止旋转。

c. 励磁装置联动灭磁正常，并在上位机上确认操作票回信为正常，如图 6-145 所示。

3	励磁装置联动灭磁正常	正常		

图 6-145　4 号操作票第 3 步

d. 真空破坏阀应自动打开，并在上位机上确认操作票回信为打开，如图 6-146 所示。

4	真空破坏阀应自动打开	打开		

图 6-146　4 号操作票第 4 步

e. 1 号主机 6401 开关手车摇至试验位置，并在上位机上确认操作票回信为试验，如图 6-147 所示。

注：此操作必须在现场通过摇柄来完成，且需要 1 人操作 1 人监护。

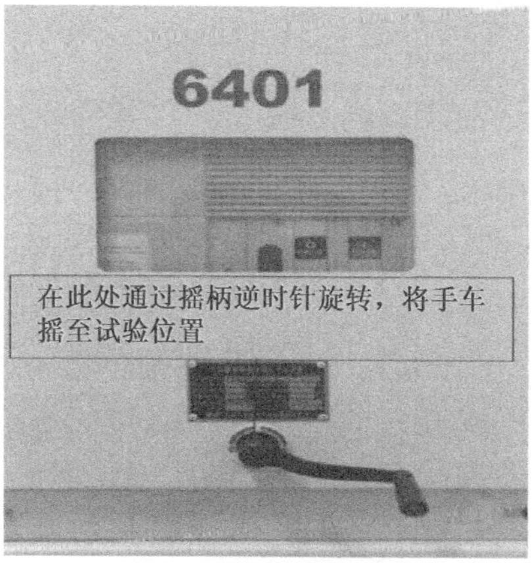

图 6-147　1 号主机开关

执行 4 号操作票第 5 步，如图 6-148 所示。

5	1#主机6401开关手车摇至试验位置	试验		

图 6-148　4 号操作票第 5 步

f. 叶片调节机构控制方式置于手动位置，并在上位机上确认操作票回信为手动，如图 6-149所示。

注：此操作必须在现场通过旋转开关来完成。

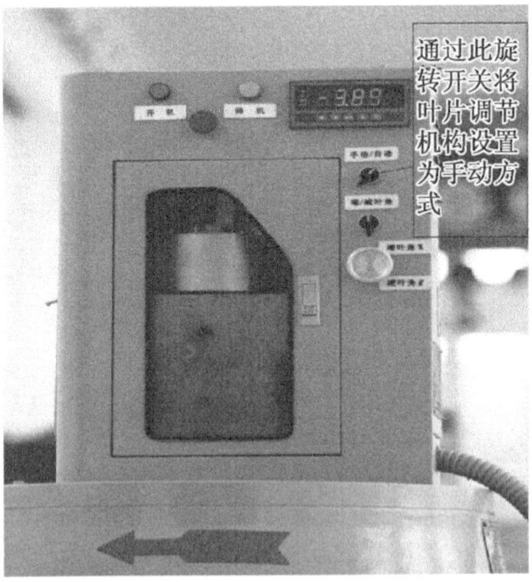

图 6-149　旋转开关

执行 4 号操作票第 6 步，如图 6-150 所示。

6	叶片调节机构控制方式置于手动位置	手动		

图 6-150　4 号操作票第 6 步

6.4.2　站变切出操作(根据 5 号操作票执行)

a. 7 台主机已全部停运，并在上位机上确认操作票回信为停运，如图 6-151 所示。

1	7台主机组已全部停运	停运		

图 6-151　5 号操作票第 1 步

注：停 400 V 站用电电源，自动切换至 400 V 备用电源(由变电所送来)。

b. 备用电源进线开关 401、站用电联络开关 402 控制方式置于自动位置，并在上位机上确认操作票回信为自动，如图 6-152 所示。

注：此操作必须在现场通过旋转开关来完成。

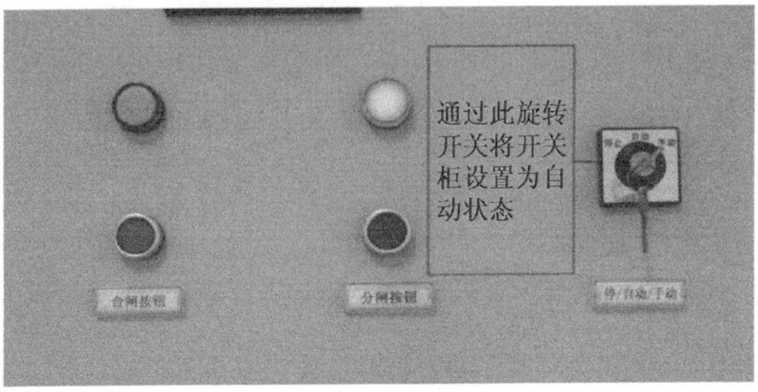

图 6-152　旋转开关

执行 5 号操作票第 2 步，如图 6-153 所示。

2	备用电源进线开关401/站用电联络开关402控制方式置于自动位置	自动	确认	

图 6-153　5 号操作票第 2 步

c. 拉开 2 号站变低压侧开关 405，并在上位机上确认操作票回信为分闸，如图 6-154 所示。

注：此步骤操作在集控状态下，在集控中心上位机完成；分控状态下在上位机完成。

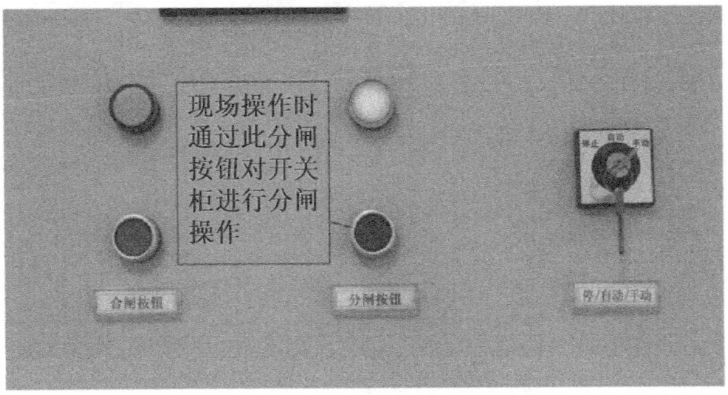

图 6-154　现场分闸按钮

执行 5 号操作票第 3 步，如图 6-155 所示。

3	拉开2#站变低压侧开关405	分闸	分闸	

图 6-155　5 号操作票第 3 步

d. 拉开 1 号站变低压侧开关 403，并在上位机上确认操作票回信为分闸，如图 6-156 所示。

注：此步骤操作在集控状态下，在集控中心上位机完成；分控状态下在上位机完成。

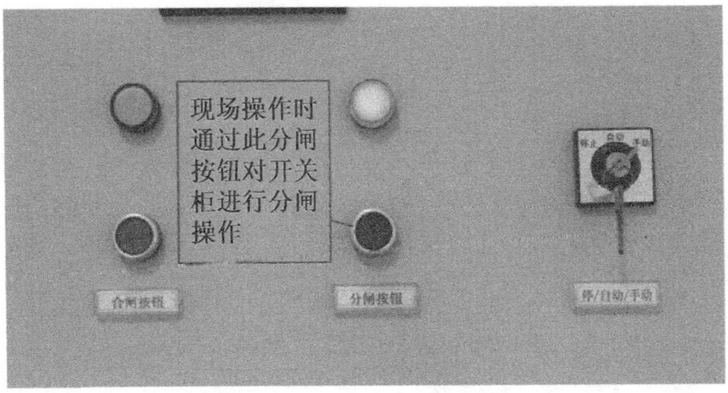

图 6-156　现场分闸按钮

执行 5 号操作票第 4 步，如图 6-157 所示。

4	拉开1#站变低压侧开关403	分闸	分闸	

图 6-157　5 号操作票第 4 步

注：自动切换过程中有短暂断电，1 号、2 号站变低压侧开关 403、405 相继断开后，备用电源进线开关 401 自动合上，备用电源投入。

e. 检查 400 Ⅴ Ⅰ段母线自动切换为备用电源，并在上位机上确认操作票回信为备用电源，如图 6-158 所示。

5	检查400 Ⅴ Ⅰ段母线自动切换为备用电源	备用电源	确认	

图 6-158　5 号操作票第 5 步

f. 拉开站变低压联络开关 404，并在上位机上确认操作票回信为分闸，如图 6-159 所示。

注：此步骤操作在集控状态下，在集控中心上位机完成；分控状态下在上位机完成。

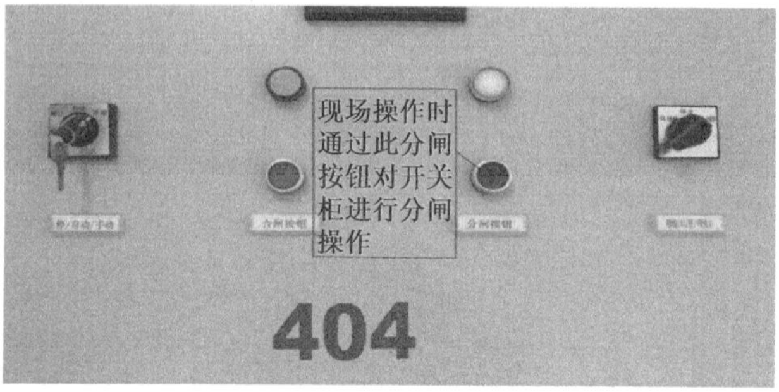

图 6-159　现场分闸按钮

执行 5 号操作票第 6 步，如图 6-160 所示。

6	拉开站变低压联络开关404	分闸	分闸	

图 6-160　5 号操作票第 6 步

g. 1 号站变进线 010 开关控制方式置于远方位置，并在上位机上确认操作票回信为远方，如图 6-161 所示。

注：此操作必须在现场通过旋转开关来完成。

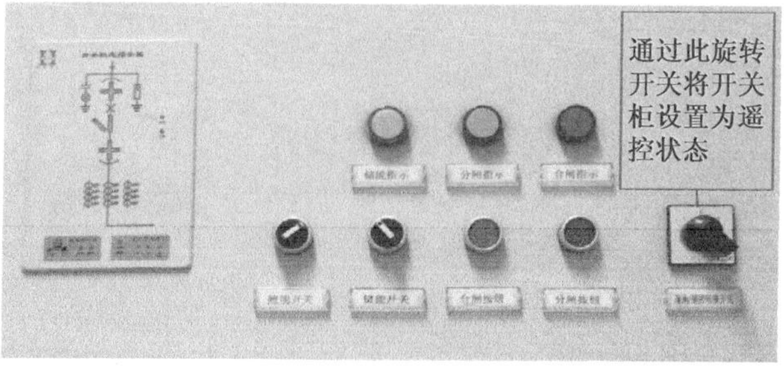

图 6-161　旋转开关

执行 5 号操作票第 7 步，如图 6-162 所示。

7	1#站变进线010开关控制方式置于远方位置	远方		

图 6-162　5 号操作票第 7 步

h. 拉开 1 号站变进线 010 开关,并在上位机上确认操作票回信为分闸,如图 6-163 所示。

注:此步骤操作在集控状态下,在集控中心上位机完成;分控状态下在上位机完成。

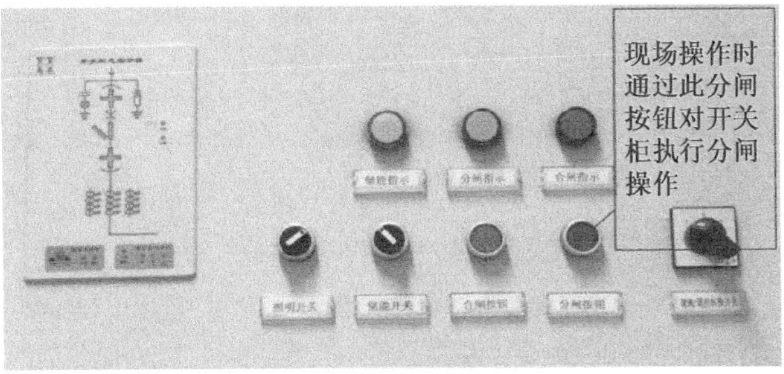

图 6-163　现场分闸按钮

执行 5 号操作票第 8 步,如图 6-164 所示。

8	拉开1#站变进线010开关	分闸	分闸	

图 6-164　5 号操作票第 8 步

i. 2 号站变进线 020 开关控制方式置于远方位置,并在上位机上确认操作票回信为远方,如图 6-165 所示。

注:此操作必须在现场通过旋转开关来完成。

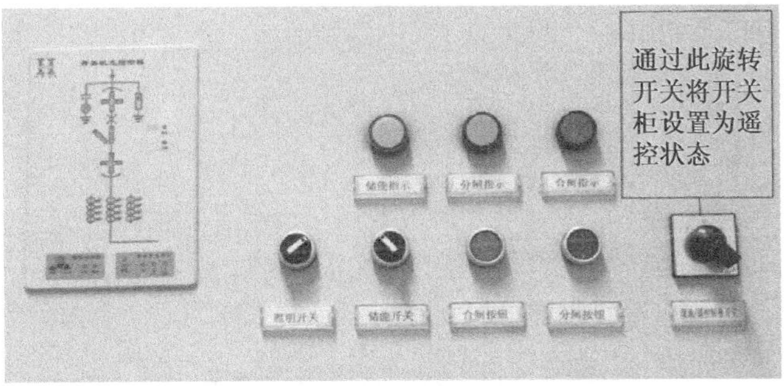

图 6-165　旋转开关

执行 5 号操作票第 9 步,如图 6-166 所示。

9	2#站变进线020开关控制方式置于远方位置	远方		

图 6-166　5 号操作票第 9 步

j. 拉开 2 号站变进线 020 开关,并在上位机上确认操作票回信为分闸,如图 6-167 所示。

注:此步骤操作在集控状态下,在集控中心上位机完成;分控状态下在上位机完成。

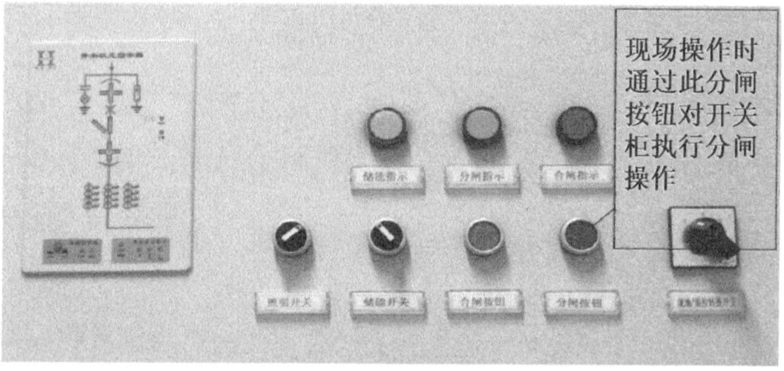

图 6-167　现场分闸按钮

执行 5 号操作票第 10 步,如图 6-168 所示。

10	拉开2#站变进线020开关	分闸	分闸	

图 6-168　5 号操作票第 10 步

k. 2 号站变低压侧开关 405 手车摇至试验位置,并在上位机上确认操作票回信为试验,如图 6-169 所示。

注:此操作必须在现场通过摇柄来完成,且需要 1 人操作 1 人监护。

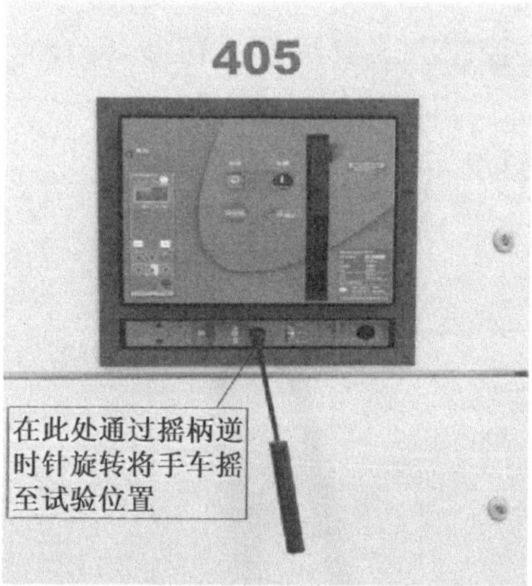

图 6-169　2 号站变低压侧手车

执行 5 号操作票第 11 步,如图 6-170 所示。

11	2#站变低压侧开关405手车摇至试验位置	试验		

图 6-170　5 号操作票第 11 步

l. 1 号站变低压侧开关 403 手车摇至试验位置,并在上位机上确认操作票回信为试验,如图 6-171 所示。

注:此操作必须在现场通过摇柄来完成,且需要 1 人操作 1 人监护。

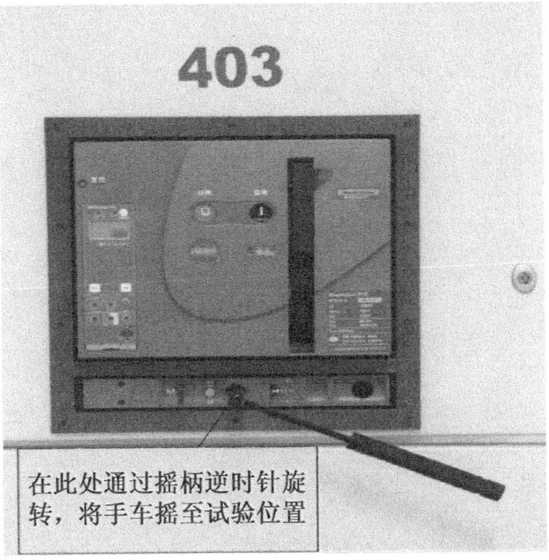

图 6-171　1 号站变低压侧手车

执行 5 号操作票第 12 步,如图 6-172 所示。

12	$1^{\#}$站变低压侧开关403手车摇至试验位置	试验		

图 6-172　5 辆操作票第 12 步

m. 站变低压联络开关 404 手车摇至试验位置,并在上位机上确认操作票回信为试验,如图 6-173 所示。

注:此操作必须在现场通过摇柄来完成,且需要 1 人操作 1 人监护。

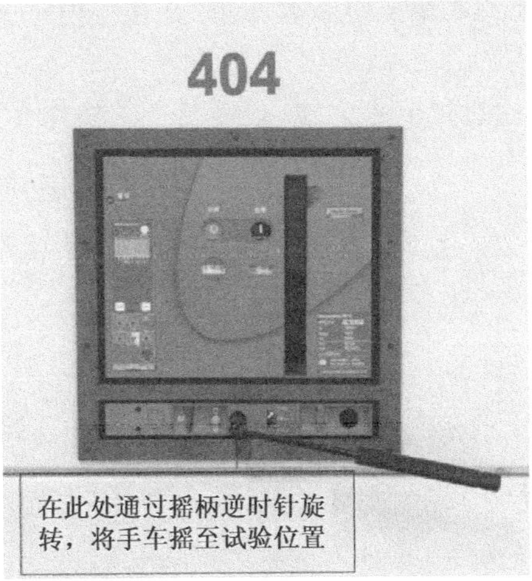

图 6-173　站变低压联络开关

执行 5 号操作票第 13 步,如图 6-174 所示。

13	站变低压联络开关404手车摇至试验位置	试验		

图 6-174　5 号操作票第 13 步

n. 1 号站变进线 010 开关手车摇至试验位置，并在上位机上确认操作票回信为试验，如图 6-175 所示。

注：此操作必须在现场通过摇柄来完成，且需要 1 人操作 1 人监护。

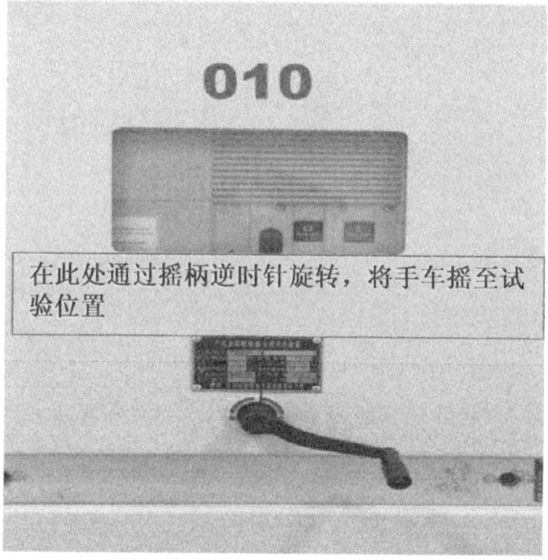

图 6-175　1 号站变进线手车

执行 5 号操作票第 14 步，如图 6-176 所示。

14	1#站变进线010开关手车摇至试验位置	试验		

图 6-176　5 号操作票第 14 步

o. 2 号站变进线 020 开关手车摇至试验位置，并在上位机上确认操作票回信为试验，如图 6-177 所示。

注：此操作必须在现场通过摇柄来完成，且需要 1 人操作 1 人监护。

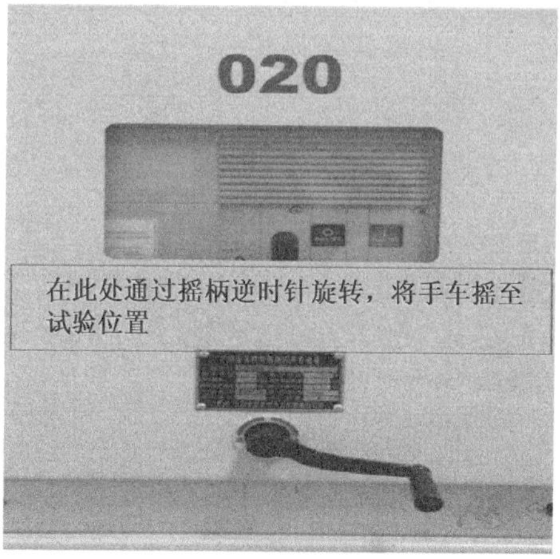

图 6-177　2 号站变进线开关

执行 5 号操作票第 15 步，如图 6-178 所示。

15	2#站变进线020开关手车摇至试验位置	试验		

图 6-178　5 号操作票第 15 步

6.4.3　站停运设备操作流程(根据 6 号操作票执行)

a. 6 kV 进线断路器 604 控制方式置于远方位置，并在上位机上确认操作票回信为远方，如图 6-179 所示。

注：此操作必须在现场通过旋转开关来完成。

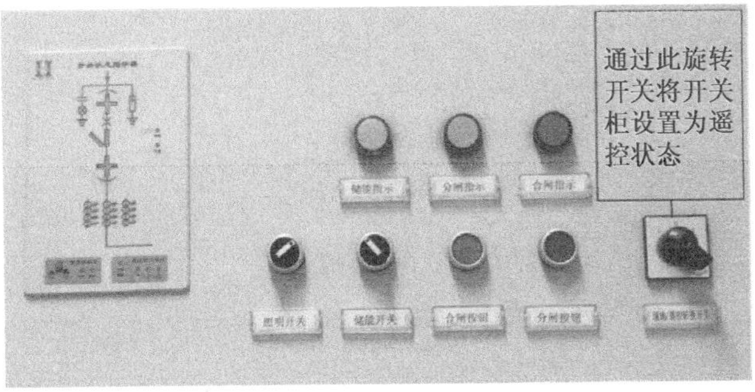

图 6-179　旋转开关

执行 6 号操作票第 1 步，如图 6-180 所示。

1	6 kV进线断路器604控制方式置于远方位置	远方		

图 6-180　6 号操作票第 1 步

b. 拉开 6 kV 进线断路器(604)，并在上位机上确认操作票回信为分闸，如图 6-181 所示。

注：此步骤操作在集控状态下，在集控中心上位机完成；分控状态下在上位机完成。

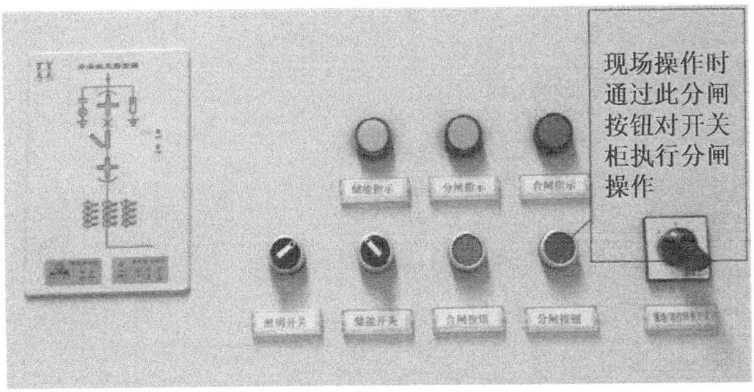

图 6-181　现场分闸按钮

执行 6 号操作票第 2 步，如图 6-182 所示。

2	拉开6 kV进线断路器604	分闸	分闸	

图 6-182　6 号操作票第 2 步

c. 6 kV 进线断路器(604)手车摇至试验位置,并在上位机上确认操作票回信为试验,如图 6-183 所示。

注:此操作必须在现场通过摇柄来完成,且需要 1 人操作 1 人监护。

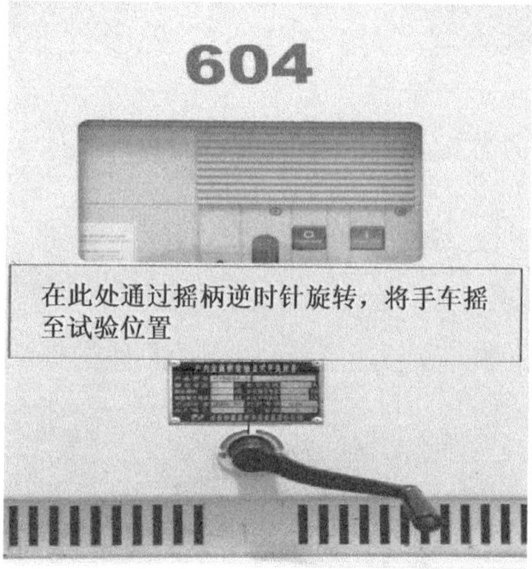

图 6-183　6 kV 进线开关

执行 6 号操作票第 3 步,如图 6-184 所示。

3	6 kV进线断路器(604)手车摇至试验位置	试验		

图 6-184　6 号操作票第 3 步

d. GIS 控制方式置于远方位置,并在上位机上确认操作票回信为远方,如图 6-185 所示。

注:此操作必须在现场通过旋转开关来完成。

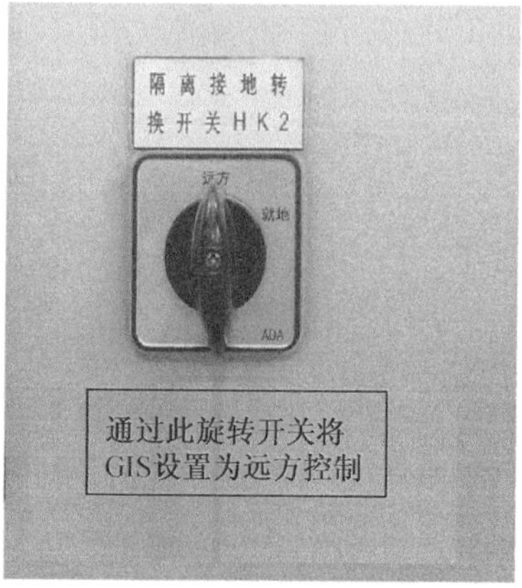

图 6-185　旋转开关

执行 6 号操作票第 4 步,如图 6-186 所示。

4	GIS控制方式置于远方位置	远方		

图 6-186　6 号操作票第 4 步

e. 合上 3 号主变中性点接地刀闸(7030)，并在上位机上确认操作票回信为合闸，如图 6-187所示。

注:集控状态在集控中心控制，分控状态在泵站控制室控制，现地控制在变电所 3 号主变 7030 刀闸控制箱上控制。

图 6-187　3 号主变中性点接地刀闸控制箱

执行 6 号操作票第 5 步，如图 6-188 所示。

5	合上3#主变中性点接地刀闸(7030)	合闸	合闸	

图 6-188　6 号操作票第 5 步

f. 与变电所联络停电已完成。

注:以下 7、8 两项操作设备本体在变电所，可在变电所现场本体上操作，也可在集控中心上位机上操作。

g. 拉开 110 kV 变电所进线断路器(703)，并在上位机上确认操作票回信为分闸，如图 6-189 所示。

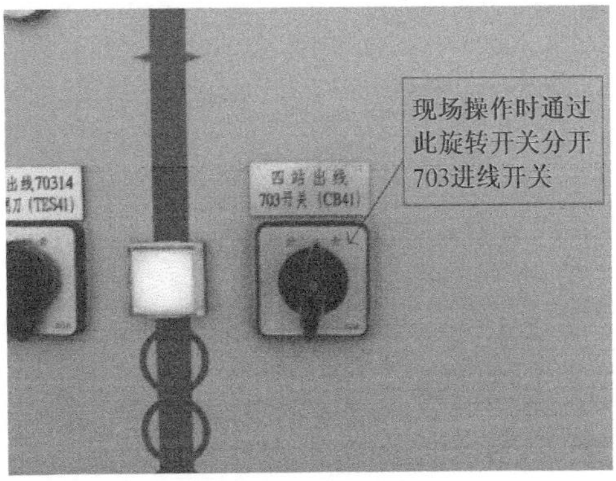

图 6-189　旋转开关

执行 6 号操作票第 6 步,如图 6-190 所示。

6	拉开110 kV变电所进线断路器(703)	分闸		

图 6-190　6 号操作票第 6 步

h. 拉开变电所出线隔离刀闸(7031),并在上位机上确认操作票回信为分闸,如图 6-191 所示。

注:集控状态在集控中心控制,分控状态在泵站控制室控制,现地控制在泵站控制楼四楼 GIS 控制柜(BZ4-G-03)上控制。

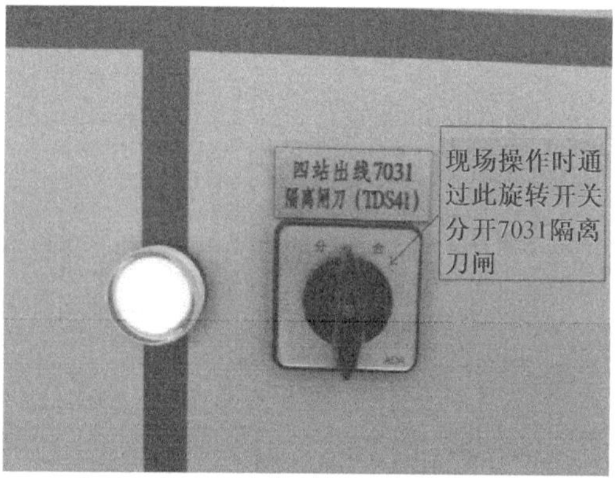

图 6-191　旋转开关

执行 6 号操作票第 7 步,如图 6-192 所示。

7	拉开变电所四站出线隔离刀闸(7031)	分闸		

图 6-192　6 号操作票第 7 步

注:变电所拉开 110 kV 进线断路器(703)后,现场 3 号主变失电,投运时的嗡嗡声立即消失。

i. 拉开 110 kV 进线隔离刀闸(7033),并在上位机上确认操作票回信为分闸,如图 6-193 所示。

注:集控状态在集控中心控制,分控状态在泵站控制室控制,现地控制在泵站控制楼四楼 GIS 控制柜(BZ4-G-03)上控制。

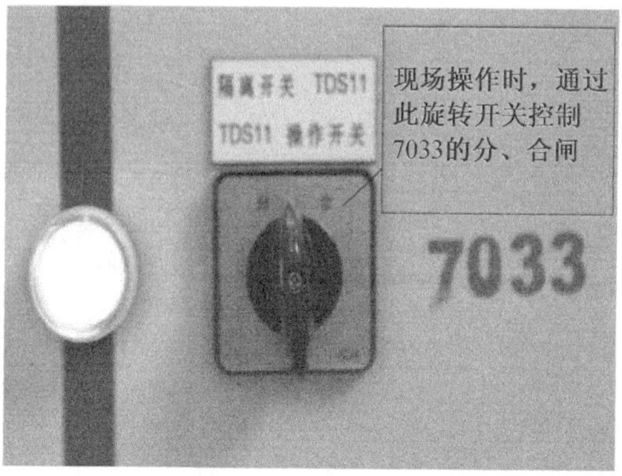

图 6-193　旋转开关

执行 6 号操作票第 8 步,如图 6-194 所示。

8	拉开110 kV进线隔离刀闸(7033)	分闸	分闸	

图 6-194　6 号操作票第 8 步

j. 拉开 3 号主变中性点接地刀闸(7030),并在上位机上确认操作票回信为分闸,如图 6-195 所示。

注:集控状态在集控中心控制,分控状态在泵站控制室控制,现地控制在变电所 3 号主变 7030 刀闸控制箱上控制。

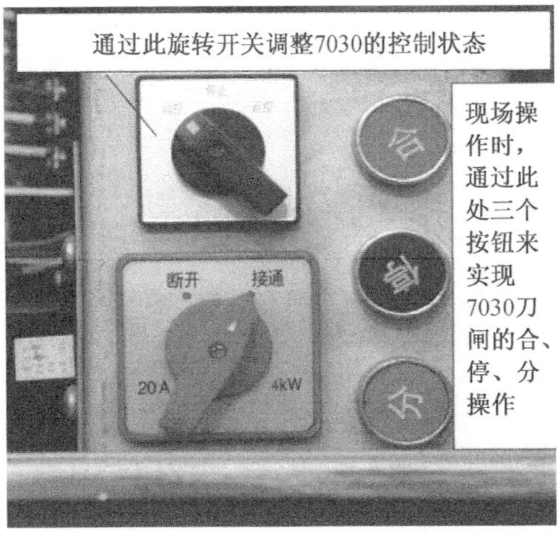

图 6-195　3 号主变中性点接地刀闸控制箱

执行 6 号操作票第 9 步,如图 6-196 所示。

9	拉开3#主变中性点接地刀闸(7030)	分闸	分闸	

图 6-196　6 号操作票第 9 步

k. 拉开 PT 隔离刀闸(7025),并在上位机上确认操作票回信为分闸,如图 6-197 所示。

注:集控状态在集控中心控制,分控状态在泵站控制室控制,现地控制在泵站控制楼四楼 GIS 控制柜(BZ4-G-03)上控制。

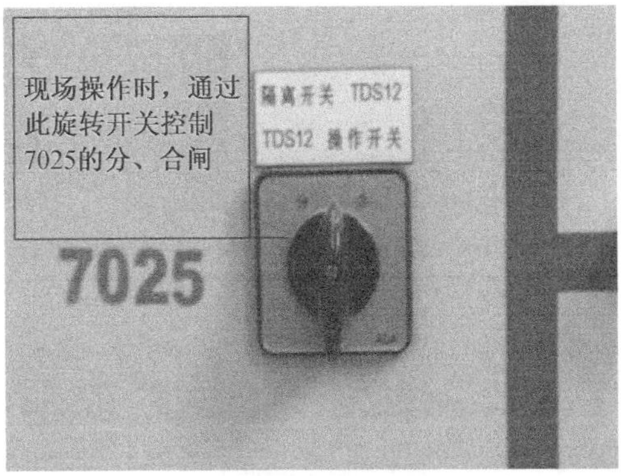

图 6-197　旋转开关

执行 6 号操作票第 10 步，如图 6-198 所示。

10	拉开PT隔离刀闸7025	分闸	分闸	

图 6-198　6 号操作票第 10 步

l. 合上 110 kV 进线接地刀闸(7034)，并在上位机上确认操作票回信为合闸，如图 6-199 所示。

注：集控状态在集控中心控制，分控状态在泵站控制室控制，现地控制在泵站控制楼四楼 GIS 控制柜(BZ4-G-03)上控制。

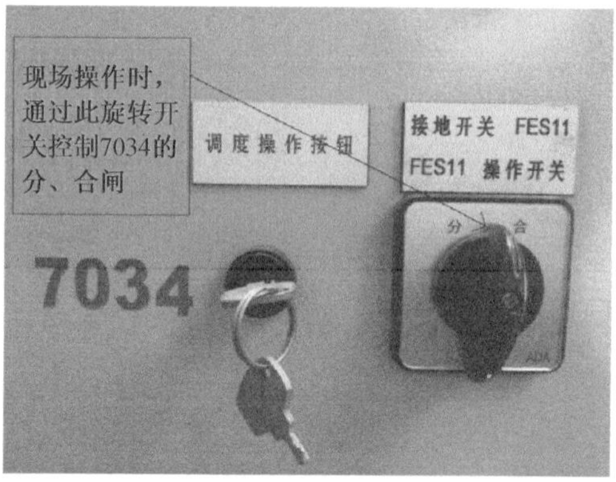

图 6-199　旋转开关

执行 6 号操作票第 11 步，如图 6-200 所示。

11	合上110 kV进线接地刀闸7034	合闸	合闸	

图 6-200　6 号操作票第 11 步

m. 合上 110 kV 进线 PT 接地刀闸(702534)，并在上位机上确认操作票回信为合闸，如图 6-201 所示。

注：集控状态在集控中心控制，分控状态在泵站控制室控制，现地控制在泵站控制楼四楼 GIS 控制柜(BZ4-G-03)上控制。

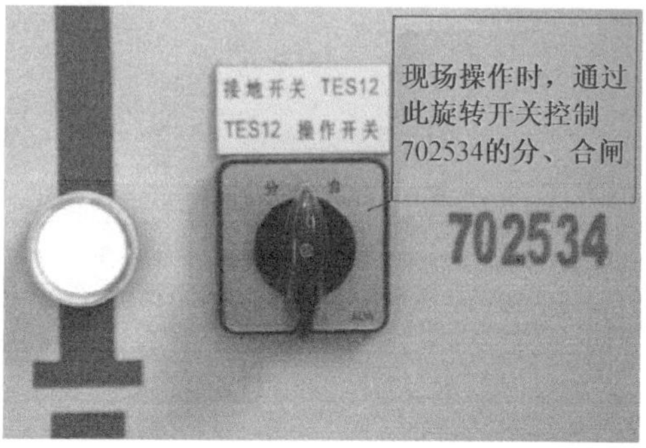

图 6-201　旋转开关

执行 6 号操作票第 12 步，如图 6-202 所示。

12	合上110 kV进线PT接地刀闸702534	合闸	合闸	

图 6-202　6 号操作票第 12 步

n. 合上 110 kV 进线侧接地刀闸(70334)，并在上位机上确认操作票回信为合闸，如图 6-203 所示。

注：集控状态在集控中心控制，分控状态在泵站控制室控制，现地控制在泵站控制楼四楼 GIS 控制柜(BZ4-G-03)上控制。

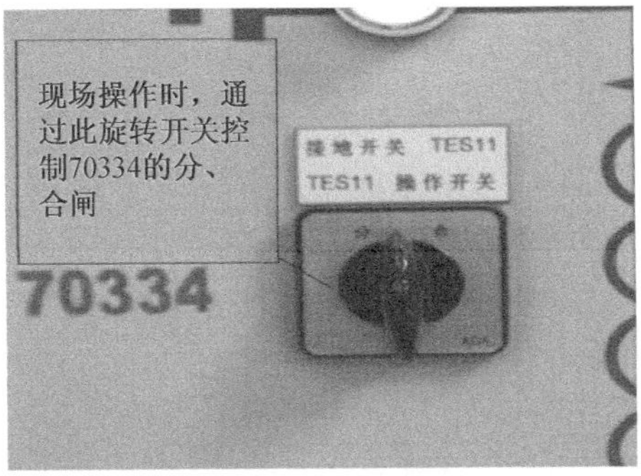

图 6-203　旋转开关

执行 6 号操作票第 13 步，如图 6-204 所示。

13	合上110 kV进线四站侧接地刀闸70334	合闸	合闸	

图 6-204　6 号操作票第 13 步

第七节　运行巡查

7.1　一般规定

1. 运行人员值班期间，应按规定的巡视路线和项目对运行设备、备用设备进行认真的巡视检查。

2. 每班值班期间对全部设备巡视检查应不少于 4 次，遇有下列情况应增加巡视次数：

(1) 恶劣气候；

(2) 设备过负荷或负荷有显著增加时；

(3) 设备缺陷近期有发展时；

(4) 启用新设备或经过检修、改造或长期停用后设备重新投入运行；

(5) 事故跳闸和运行设备有可疑迹象时。

3. 高压电气设备巡视检查应由经过安全规程培训并经考试合格的人员进行,其他人员不得单独巡视检查。

4. 巡视检查高压电气设备时,不得进行其他工作,不得移开或越过遮栏。在不设警戒线的地方,应保持足够的安全距离。

5. 雷雨天气,需要巡视室外高压设备时,应穿绝缘靴,并不得靠近避雷器和避雷针。

6. 高压设备发生接地时,室内不得接近故障点 4 m 以内,室外不得接近故障点 8 m 以内。进入上述范围内的人员必须穿绝缘靴,接近设备的外壳和架构时,应戴绝缘手套。

7. 在巡视检查中发现设备缺陷或异常运行情况,应及时处理并详细记录在运行日志上。重大缺陷或严重情况需向上级汇报。

7.2 水工建筑物巡查

1. 泵站运行期间应对泵站站身,翼墙,混凝土建筑物及上、下游引河河道进行巡查,非汛期每周 1 次、汛期每天 1 次,并做好巡视检查记录。若发现异常应及时向总值班或所长汇报。巡查内容及标准应包括:

(1) 泵站上、下游河道漂浮物情况,应无异物影响主机组安全运行;

(2) 站身、翼墙等建筑物无变形、损坏;

(3) 站房排水畅通、无渗漏;

(4) 管理范围内无违章施工。

2. 泵站运行期间遇有下列情况应增加巡查次数:

(1) 恶劣气候;

(2) 站身,岸墙,翼墙及上、下游河道有缺陷、施工等不安全因素;

(3) 超设计标准运行时。

7.3 机电设备巡查

1. 主水泵的检查

(1) 主水泵运行中应注意监听泵内有无异常声响,水泵的汽蚀和振动应在允许范围内;水导轴承运行温度正常;检查填料函温度应在允许范围内,无明显渗漏;监测仪表、传感器等应工作正常,流量、水位、压力、真空度、温度、振动等技术参数在允许范围内。

(2) 主水泵运行期间应定期巡视检查,每 2 h 巡查 1 次。

(3) 填料函处漏水情况正常,无偏磨、过热现象,温度不超过 50℃。

(4) 技术供水水压及示流信号正常。

(5) 润滑和冷却用油油位、油色、油温及轴承温度正常。

(6) 振动、声响正常。

2. 电动机的检查

(1) 电动机的运行电压应在额定电压的 95%～110%范围内,三相电源电压最大不平衡允许值为±5%,如低于 6 kV 时,定子电流不超过额定数值且无不正常现象,则可继续运行。

(2) 电动机的电流不应超过铭牌规定的额定电流，一旦发生超负荷运行，应立即查明原因，并向所长或技术负责人报告。特殊情况下超负荷运行时，须经总值班与所领导或技术负责人研究后决定。其过电流允许运行时间应参考表 7-1 的规定。

表 7-1　电动机过电流与允许运行时间关系表

过电流(%)	10	15	20	25	30	40	50
允许运行时间(min)	60	15	6	5	4	3	2

(3) 电动机运行时其三相电流不平衡之差与额定电流之比不得超过 10%。

(4) 同步电动机运行时励磁电流不宜超过额定值。

(5) 主电动机运行时最高允许温度为 130℃，电动机定子线圈温度不超过 100℃，温升不得超过 80℃。

(6) 电动机运行时上、下油缸油温应在 15～60℃范围内，轴承的允许最高温度不应超过制造厂的规定值(巴氏合金轴承为 70℃，弹性金属塑料瓦为 65℃)。超温仅报警，不停机，如需停机由值班人员根据现场情况确定。

(7) 当电动机各部温度与正常值有较大偏差时，应立即检查电动机和辅助设备有无不正常运行情况。

(8) 电动机运行时各部分的振动要求不大于以下所列数值：

① 上机架(上、下及水平方向)允许振幅值 0.10 mm；

② 定子机座(水平方向)允许振幅值 0.10 mm；

③ 轴法兰处(径向)允许振幅值 0.10 mm；

④ 集电环(径向)允许振幅值 0.20 mm。

(9) 滑环检查。

① 滑环与电刷接触良好，滑环表面应光滑，无毛刺、黑斑、油垢。

② 电刷在刷握内无摇动或卡滞现象，检查电刷时，可顺序将其由刷握内抽出，一般情况下在同一时间内，每个刷架上只许更换一个电刷。在同一滑环上，尤其是同一极性上，应采用同一型号、同一制造厂生产的电刷。电刷在刷握内应能前后自由活动(一般间隙为 0.1～0.2 mm)。

③ 电刷连接软线应完整、牢固、接触良好，弹簧压力应正常，同一极上的弹簧压力应均匀，同一组刷握应均匀排列在与轴线平行的同一直线上，无发热、碰壳现象。

④ 电刷边缘无剥落现象。

⑤ 电刷磨损正常。

⑥ 刷握和刷架上无积垢及油污；积垢须用刷子扫除或用风机吹净；使用压缩空气吹扫时，压力不应超过 0.3 MPa，压缩空气中应无水分和油。

3. 电动机每 2 h 巡视 1 次，主要内容及标准如下。

(1) 电动机定、转子电流、电压、功率指示正常，无不正常升降和超限现象。

(2) 电动机定子线圈、铁芯及轴承温度正常。

(3) 电缆接头连接牢固、无发热现象。

(4) 电动机冷却风机运行正常，并能根据监控系统设定值自动开停。

(5) 同步电动机滑环和电刷间无火花，无卡滞现象，电刷压力适中。

(6) 上、下油缸油位、油色、油质、油温正常，无渗油现象。

(7) 技术供水压力在 0.15～0.20 MPa 范围内，主机示流器指示正常。

(8) 电动机振动、声音正常。

(9) 叶片调节机构运行平稳可靠。

如果巡视过程中发现主机组运行异常，应在现场启动紧急停机按钮。

4. SF_6 封闭式组合电气设备(GIS)每天至少巡视检查 1 次，主要内容及标准如下。

(1) 对运行中的 GIS 设备进行外观检查，主要检查设备无异常情况，应对断路器、避雷器的指示动作次数、SF_6气体压力表的指示值及环境温度值进行详细记录。

(2) 隔离开关、接地开关实际分、合位置与机械、电气指示应一致，开关位置指示正确，并与实际运行工况相符。

(3) 通风系统良好。

(4) 各种指示灯、信号灯和带电监测装置的指示应正常，控制开关的位置应正确，控制柜内加热器的工作状态应按规定投入或切出。

(5) 检查当时的环境温度、负荷电流、各气室压力表指示值应正常并记录其数值。

(6) 避雷器的动作计数器指示值、在线检测泄漏电流指示值应正常。

(7) 注意辨别壳体、底架、外部端子的温升应正常，无过热变色现象，无异常气味，汇控柜内无异常现象。

(8) 无异常声音和特殊气味，无异常振动。

(9) 外壳、支架等无锈蚀、损坏，瓷套无开裂、破损或污秽现象，外壳漆膜无局部颜色加深或烧焦、起皮现象。

(10) 各类管道及阀门无损伤、锈蚀，阀门的开闭位置应正确，管道的绝缘法兰与绝缘支架应完好，接地导体的连接螺栓应无松动。

(11) 操动机构、传动连杆附近无脱落下来的开口销、弹簧、挡圈、螺栓等连接零件。

(12) 设备无漏气现象。

(13) 金属外壳的温度应正常。

(14) GIS 室内照明、通风设备、防火器具及监测装置应正常、完好。

5. 变压器的巡视检查，每班至少 1 次。巡查内容包括：

(1) 变压器的油温和温度计应正常，储油柜的油位应与温度相对应，各部分无渗油、漏油；

(2) 套管油位应正常，套管外部无破损裂纹、无严重油污、无放电痕迹及其他异常现象；

(3) 变压器声响正常；

(4) 各冷却器温度应相近；

(5) 吸湿器完好，吸附剂干燥；

(6) 母线及引线接头应无发热现象；

(7) 压力释放器、安全气道及防爆膜应完好无损；

(8) 瓦斯继电器内应无气体；

(9) 二次端子箱应关严，无受潮；

(10) 变压器室的门、窗、照明应完好，房屋应不漏水。

6. 高压断路器巡视检查，每班至少 1 次。主要内容如下。

(1) 断路器的分、合位置指示正确,并与实际运行工况相符。

(2) 内部无不正常的放电声。

(3) 带电显示器、各种表计显示正常。

(4) 绝缘子、绝缘套管外表清洁,无损坏、放电痕迹。

(5) 绝缘拉杆和绝缘子应完好,无断裂痕迹,无零件脱落现象。

(6) 导线接头连接处无松动、过热、熔化变色现象。

(7) 断路器外壳接地良好。

(8) 真空断路器灭弧室无异常现象。

(9) 分、合线圈无过热、烧损现象。

(10) 弹簧操作机构储能指示正确,储能电机行程开关接点动作准确、无卡滞变形;断路器在分闸备用状态时,合闸弹簧应储能正常。

7. 大容量高速开关 FSR 巡视检查,每天至少 1 次。巡检时,只能通过观察窗进行查看,不可打开小室的门或开关柜的门。主要检查内容如下。

(1) 熔断器无熔断。

(2) 母排接头处无过热。

(3) 测控柜上的指示灯指示应正确。

8. 互感器的巡视检查,每班至少 1 次。巡查内容如下。

(1) 电压互感器电压、电流互感器电流指示应正常。

(2) 一、二次接线端子与引线连接应无松动、过热现象。

(3) 绝缘子应清洁,无裂纹、破损及放电痕迹。

(4) 当线路接地时,供接地监视的电压互感器声音应正常,无异味。

(5) 电流互感器无二次开路或过负荷引起的过热现象。

(6) 运行中无异常声响,无异常气味。

9. 变压器巡视检查,每班至少 1 次。主要内容如下。

(1) 变压器声响应正常。

(2) 冷却风机运行应正常。

(3) 电缆和母线无异常情况,外壳接地应良好。

(4) 变压器室门、窗应完好。

(5) 温度巡检仪显示各点温度应正常。

(6) 运行中的变压器有下列情形之一者,应立即停运检查或修理:

① 变压器有异常声响、振动或爬电、闪络现象;

② 在正常冷却条件下,变压器温度不正常,并不断上升。

10. 蓄电池、充电装置巡视检查,每班 1 次。主要检查内容如下。

(1) 充电装置工作状态、充电电压、电池电压、控母电压、充电电流、负载电流和每块电池的端电压应正常。

(2) 直流母线正对地、负对地电压应为零,直流系统对地绝缘应良好。

(3) 蓄电池柜及蓄电池应清洁无积污。

(4) 蓄电池连接处无锈蚀,凡士林涂层应完好。

(5) 蓄电池容器应完整,无破损、漏液、变形,极板无硫化、弯曲、短路等现象。

(6) 蓄电池温度应正常。

11. 励磁装置每 2 h 巡视 1 次，内容如下。

(1) 各表计指示应正常，信号显示应与实际工况相符。

(2) 各电磁部件无异常声音及过热现象。

(3) 各通流部件的接点、导线及元器件无过热现象。

(4) 通风元器件、冷却系统工作应正常。

(5) 励磁装置的工作电源、操作电源、备用电源等应正常可靠，并能按规定要求投入或自动切换。

(6) 励磁变压器线圈、铁芯温度、温升不超过规定值，音响正常，表面无积污。

(7) 励磁变压器风机运转正常，温升不超过 80℃。

12. 辅助设备每 2 h 巡视 1 次，主要内容如下。

(1) 压力油系统。

① 油压装置运行方式应为自动，运行情况应正常，油温、油量符合运行规定。

② 叶片调节机构运行情况正常，叶片角度符合运行要求，无渗漏油现象，如出现严重渗漏油应立即停机。

③ 各表计指示在规定范围内，系统压力应保持在 3.5～4.0 MPa。

④ 油泵启动正常，启动频率正常，并无异常声响。

(2) 压缩空气系统。

① 压缩空气系统及其安全装置、继电器和各种表计等应工作可靠。

② 压缩空气系统压力应在 0.6～0.8 MPa，低于 0.6 MPa 空压机启动，高于 0.8 MPa 空压机停止，低于 0.55 MPa 备用空压机启动，低于 0.5 MPa 发信号报警。

③ 空压机运行参数稳定，无震动过大、机体温度过高、传感器误报警等异常现象。

④ 真空破坏阀吸气口附近不应有妨碍吸气的杂物。

⑤ 真空破坏阀不应出现不正常启动。

⑥ 检查破坏真空的控制设备或辅助应急措施处于随时投入状态。

(3) 供、排水系统。

① 技术供水的水质、水温、水量、水压等满足运行要求，母管压力应在 0.15～0.20 MPa。

② 示流装置良好，供水管路畅通。

③ 回水管路温度正常，如遇堵塞应及时进行冷却器反冲。

④ 集水坑和排水廊道无淤积。

⑤ 供、排水泵工作可靠，对备用供、排水泵应定期切换运行。

⑥ 供水系统滤水器工作正常。

⑦ 检查排水廊道水位，水位过高时报警装置应启动，自动排水控制系统应正常投入运行。

13. 拦污栅无变形，栅格无脱落，拦污栅前水草杂物过多时，应及时清理打捞，并按环保的要求进行处理。

第八节　运行值班

8.1　值班管理

a. 值班人员应严格执行各项规章制度，不迟到，不早退，不得擅离职守，如遇特殊情况须离开岗位，必须征得本班班长的同意，方可离开。

b. 值班人员应集中思想，认真值班，不干与值班工作无关的事，不负责接待参观，不准睡觉，更不准酒后上班。

c. 值班人员衣着整齐，不准穿背心、裙子、短裤、睡衣、高跟鞋和拖鞋值班，女职工在当班时不可长发披肩。

d. 值班人员应服从上级调度指令，若不能执行应及时向发令人汇报。

e. 值班人员应按规定认真巡查设备，确保设备运行安全。设备发生异常现象时，应及时处理。

f. 运行记录应按时填写，并要求记录清楚、正确、详细。

g. 值班室、控制室、厂房内等工作场所严禁吸烟，并做好清洁工作，保持现场整洁。

8.2　现场管理

a. 加强泵站运行现场管理，现场无杂物，安全设施齐全。

b. 运行现场各类管理制度及规程齐全，关键制度、规程及图表上墙明示。

c. 常用备品件齐全，对重要的、不常用备品件应制定应急方案，明确购置途径、联系方式及到货时间。

d. 控制室、值班室应有电气原理图、电气接线图、主机泵和辅机相关图纸、运行规程、应急预案等，以便随时学习查阅，及时解决运行故障。

e. 安全工具经试验合格，由专人保管，定点摆放，使用前应进行外观检查。

f. 运行现场应配有温度检测仪、手持式照明电源及常用工具，重要部位的钥匙应统一管理，在值班室定点摆放并做好交接。

g. 保持主、副厂房、值班室及控制室运行现场清洁，设备完好。

h. 各类运行及值班记录应齐全，并按要求收集整理，不得损坏、遗漏及随意涂改，做到定点摆放整齐。

8.3　交接班管理

a. 在交班前 30 分钟由值班长召集交班人员，总结本班安全运行情况、维修工作情况、交班内容，检查运行记录应无遗漏、运行工具应完整齐全。

b. 接班人员在接班前先开班前会，提前 15 分钟进入现场进行交接班，查看运行日志及专用记录，全面了解设备的运行情况和检修情况，查看备用设备情况，检查检修安全措施情况。交班人员必须在交班完毕后集体离开工作岗位。

c. 在交接班时交班人员必须详细介绍运行情况，值班长除了自己进行交接班外，尚须负责检查班内其他人员交接班的情况。

d. 在交接班中如发现设备有故障时，交接班人员应相互协作予以排除。在接班人员同意后才能交班。

e. 在处理事故或进行重要操作时不可进行交接班，待完成后再进行交接。

第九节　管理制度

泵站工程控制运用管理制度主要包括：调度管理制度、操作票制度、运行值班制度、运行现场管理制度、运行巡视检查制度、交接班制度，运行规程、高压开关室操作规程、低压开关室操作规程、励磁室操作规程、行车操作规程、空压机操作规程等。

具体内容略。

第十节　台账资料

泵站工程控制运用台账资料主要包括：泵站指令执行记录，站投运、开机、停机、站停运操作票，交接班记录，运行日志，运行报表，巡查记录等。